KB128294

아보가드로가 들려주는 물질의 상태 변화 이야기

아보가드로가 들려주는 물질의 상태 변화 이야기

ⓒ 최원호, 2010

초판 1쇄 발행일 | 2010년 9월 1일
초판 15쇄 발행일 | 2021년 5월 28일

지은이 | 최원호
펴낸이 | 정은영
펴낸곳 | (주)자음과모음

출판등록 | 2001년 11월 28일 제2001−000259호
주   소 | 04047 서울시 마포구 양화로6길 49
전   화 | 편집부 (02)324−2347, 경영지원부 (02)325−6047
팩   스 | 편집부 (02)324−2348, 경영지원부 (02)2648−1311
e−mail | jamoteen@jamobook.com

ISBN 978−89−544−2204−8 (44400)

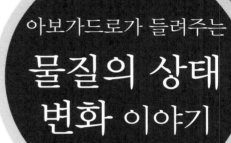

아보가드로가 들려주는

물질의 상태
변화 이야기

| 최원호 지음 |

㈜자음과모음

미래의 화학자를 꿈꾸는 청소년을 위한
'물질의 상태 변화' 이야기

이 세상은 눈에 보이는 현상 뒤에 눈에 보이지 않지만 이 세상을 움직이게 하는 미시 세계가 존재합니다. 화학은 이러한 눈에 보이지 않는 미시 세계를 주로 분자 수준에서 연구하는 학문입니다.

일상생활에서 고체, 액체, 기체로 상태 변화하는 물질들은 모두 분자로 구성되어 있습니다. 분자는 물질을 구성하는 기본 단위이면서 물질의 성질을 결정하는 아주 중요한 입자이지요.

화학은 분자를 다루는 학문이라는 점에서, 아보가드로는 근대 화학 연구에 분자의 개념을 최초로 제안하여 근대 화학의 기초를 닦은 과학자입니다. 이 책은 아보가드로가 물질을 구성하는 입자가 분자라는 관점에서 학생들에게 수업하는 형식으로 구성되어 있습니다.

이 책은 단지 분자가 물질을 구성하는 입자라는 사실을 전달하려는 것이 아닙니다. 물질의 상태 변화 과정이 분자들의 배열 상태가 바뀌는 것임을 이해하는 것이 이 책의 목표입니다.

여러분이 이 책을 읽으면서 아보가드로가 제안한 분자가 우리들이 숨 쉬는 공기에도 있으며, 마시는 물속에도 있음을 느꼈으면 좋겠습니다. 그리고 물질이 분자라는 작은 입자로 구성되어 있으며, 물질의 상태 변화는 그 입자들의 배열이 달라지면서 나타나는 현상임을 이해하는 기회가 되었으면 합니다.

분자는 화학을 공부하기 위해서 반드시 알아야 할 중요한 개념입니다. 여러분이 이 책을 통해 화학의 첫걸음을 잘 내딛는 예비 과학자가 되기를 기원합니다.

최 원 호

차례

물질의 상태마다 어떤 특징이 있을까요?

물질의 상태에는 고체, 액체, 기체가 있습니다.
각 상태마다 어떤 특징이 있는지 알아봅시다.

1

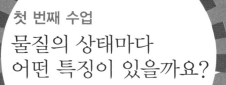

물질의 상태마다
어떤 특징이 있을까요?

아보가드로가 자기소개를 하며
첫 번째 수업을 시작했다.

고체 상태의 특징

여러분, 안녕하세요? 나는 아보가드로라고 합니다.

나는 물질을 구성하는 입자가 분자라는 사실을 처음으로
제안한 과학자예요. 그래서 지금부터 물질을 구성하는 아주
작은 입자인 분자를 이용하여 물질의 상태와 상태 변화에 관
해서 수업을 하려고 합니다.

그럼 이제 나와 함께 물질의 상태에 관하여 이야기해 볼까
요?

아보가드로가 교실 앞의 교사용 책상 앞쪽으로 걸어갔다. 교사용 책상 위에는 컴퓨터, 연필, 시계가 놓여 있고, 아보가드로가 양손에 주사위와 유리컵을 들고선 말했다.

내가 서 있는 이 주위에는 어떤 물체들이 있죠? 그 물체들은 무엇으로 만들어졌나요?

__ 연필은 나무로 만들어진 거예요.

__ 주사위는 플라스틱으로 만들어졌어요.

__ 컴퓨터에는 금속도 들어가 있어요.

그래요. 책상이나 의자, 연필은 나무, 철 등으로 만들어졌고 컴퓨터, 시계, 주사위는 플라스틱, 유리, 금속 등으로 만들어졌지요.

여러분이 주위에서 흔하게 볼 수 있는 이런 물체들이나 물체를 구성하는 물질들은 어떤 성질을 가지고 있는지 구체적으로 알아보죠.

먼저 고체의 모양에 관해서 알아볼까요?

내가 들고 있는 주사위는 어떤 모양인가요?

__ 여섯 개의 정사각형으로 만들어진 정육면체 모양이에요.

이번에는 주사위를 투명한 컵 안에 넣어 보겠어요. 주사위의 모양이 어떻게 바뀔까요?

__ 모양이 바뀌지 않아요.

혹시 다른 모양의 컵 안에 주사위를 넣으면 모양이 바뀔까요? 여러분이 쉽게 예상하듯이 주사위의 모양은 주사위를 넣는 그릇의 모양과 상관없이 항상 똑같은 모양을 가져요.

이렇게 넣는 그릇이 달라져도 그 모양이 달라지지 않는 것들에는 또 무엇이 있죠? 앞에서 여러분이 말한 책상, 연필, 컴퓨터, 시계, 나무 등도 모두 그 모양이 일정해요. 그 밖에 모양이 일정한 것들에는 무엇이 있는지 한번 생각해 보세요.

이번에는 고체의 부피에 관해서 알아봅시다.

여러분은 키가 얼마인가요? 매일 아침 거울 앞에서 오늘은 얼마나 키가 컸는지 고민에 빠지지는 않나요? 그렇다면 키를 재봐야겠지요. 키를 재기 위해서는 무엇이 필요하죠? 네, 맞아요. 자가 필요하죠.

자에는 일정한 간격으로 눈금이 매겨져 있어서 어떤 물체의 길이를 재는 도구로 사용한답니다. 자는 세계 어느 나라에서도 똑같은 간격으로 눈금을 매기도록 서로 약속이 되어 있어서 여러분이 잰 키의 값은 어디에서 재어도 항상 일정하답니다.

이제 여러분 앞에는 아까 수업에서 사용하던 주사위가 있

어요. 이 주사위의 크기가 얼마나 되는지 알려면 어떻게 해야 할까요? 여러분 앞에 놓여 있는 도구를 사용해서 크기를 알아내 보세요.

아보가드로는 책상 위의 물체들을 가리키며 학생들에게 질문하고 잠시 기다렸다.

__ 자를 이용해서 가로, 세로, 높이를 재면 돼요.

네, 맞아요. 자를 이용하여 주사위의 가로, 세로, 높이의 길이를 재면 주사위의 한쪽 길이를 알 수 있어요. 자를 이용하면 cm 또는 mm 단위로 길이를 잴 수 있지요.

그렇다면 길이 말고 주사위가 차지하는 공간의 크기를 구하려면 어떻게 해야 할까요?

어떤 물건이 공간에서 차지하는 크기를 부피라고 하고, 주사위의 부피를 구하려면 가로, 세로, 높이의 길이를 재서 모두 곱하면 돼요. 잘 모르겠다고요? 먼저 주사위의 한쪽 면의 넓이를 구하려면 어떻게 하면 되지요? 네, 가로와 세로의 길이를 곱하면 넓이가 되지요. 이렇게 해서 구한 넓이에 높이를 곱하면 부피가 된답니다. 그리고 부피는 단위를 cm^3로 표현하지요. 이제 여러분들이 구한 주사위의 부피를 비교해 봐요. 어때요? 모두 똑같죠?

___ 네, 한 변의 길이가 2cm이고 부피가 $8cm^3$로 모두 똑같아요.

이제 다른 물체의 부피를 구해 볼까요? 이것은 어떻게 부피를 구하면 될까요? 짜자잔~

아보가드로는 교사용 책상 위에 놓인 무엇인가를 숨겨 가지고 왔다. 그리고 연필 한 자루를 꺼내 놓으면서 재미있는 표정을 지었다. 아마도 학생들이 당황할 것이라고 예상을 한 것 같다.

이 연필 한 자루의 부피를 구하고 싶은데 어떻게 해야 할까요?

아마 고민에 빠질 거예요. 부피를 구하려면 가로, 세로, 높이를 재야 하는데, 연필은 직육면체가 아니기 때문에 길이를 재는 것이 어렵죠? 여러분은 연필의 가로 길이밖에 재지 못할 거예요. 하지만 걱정하지 마세요. 좋은 방법이 있으니까요.

여러분의 책상 위에 놓인 도구를 이용하면 물체의 부피를 쉽게 구할 수 있어요. 무엇을 이용하면 좋을까요? 내가 알려주는 대로 따라해 보세요.

아보가드로는 팔을 조금 걷어붙인 후 바로 자신 있는 표정으로 실
험을 시작했다.

먼저 눈금실린더에 물을 반쯤 붓고 나서 수면의 눈금을 읽었다. 그
리고 연필을 물에 잠기도록 넣고 다시 수면의 눈금을 읽었다. 그 다
음에 아보가드로는 처음에 읽은 눈금과 나중에 읽은 눈금을 칠판에
적고 나서 두 값의 차이를 계산했다.

눈금실린더로 잰 물체의 부피는 mL의 단위로 읽어요. 물
체의 부피를 측정하는 도구가 달라서 부피의 단위가 달라요.

그런데 다행히 두 단위는 같은 의미로 해석하면 돼요. 1mL는 1cm³와 똑같거든요. 그러면 아까 자로 쟀던 주사위의 부피도 한번 재볼까요?

아보가드로는 조금 전에 연필을 넣었던 눈금실린더에서 연필을 꺼낸 후, 수면의 눈금을 읽고 칠판에 값을 적었다. 그리고 바로 주사위를 살며시 눈금실린더에 넣은 후, 다시 수면의 눈금을 읽고 칠판에 그 값을 적었다.

이렇게 물체의 부피를 재면 아무리 울퉁불퉁한 물체라도 부피를 잴 수 있어요. 그러면 여러 명이 따로 따로 쟀던 연필의 부피를 비교해 보면 어떨까요? 모두 똑같죠?

__ 네, 모두 2mL로 똑같아요.

이렇게 연필이나 주사위와 같이 딱딱한 물체들은 모양뿐만 아니라 부피도 달라지지 않는답니다. 모양과 부피가 달라지지 않는 이유는 여기에서 말하기는 어려우니까 조금만 기다려 주세요. 세 번째 수업 시간에 이야기해 줄게요.

지금까지 여러분이 부피를 쟀던 물체들은 공통적인 성질이 있어요. 무엇이죠?

__ 크기와 모양이 항상 같아요.

이렇게 우리 주위에는 크기와 모양이 항상 일정한 물체와 물질들이 있는데, 이런 물체와 물질들을 고체라고 불러요.

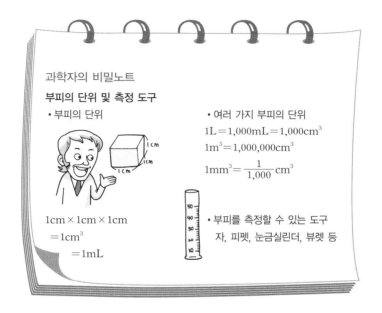

과학자의 비밀노트

부피의 단위 및 측정 도구

• 부피의 단위

1cm × 1cm × 1cm
$= 1cm^3$
$= 1mL$

• 여러 가지 부피의 단위

$1L = 1,000mL = 1,000cm^3$
$1m^3 = 1,000,000cm^3$
$1mm^3 = \dfrac{1}{1,000} cm^3$

• 부피를 측정할 수 있는 도구
자, 피펫, 눈금실린더, 뷰렛 등

그러면 고체의 성질은 어떨까요? 고체를 오래 두면 양이 변할까요? 오랫동안 두면 양이 변하는 물질을 한번 찾아볼까요?

여러분 앞에는 일상생활에서 흔하게 볼 수 있는 고체 물질들이 놓여 있어요. 이 고체 물질들을 오랫동안 두면 그 양이 변하기도 하고 변하지 않을 수도 있어요. 변하는 정도에 따

라 둘로 나누면 어떻게 나눌 수 있을까요?

　__ 나무토막과 유리구슬은 오랫동안 두어도 양이 변하지 않는 고체 물질로, 반면 얼음과 드라이아이스는 점차 양이 줄어드는 고체 물질로 나눌 수 있어요.

　그럼 고체의 성질이 이렇게 다른 이유가 무엇일까요? 그 이유는 앞으로 수업을 통해 알아가기로 해요.

　고체에는 나무토막, 얼음, 유리구슬처럼 딱딱한 고체만 있을까요? 아이스크림, 버터는 어떤 상태이죠? 일정한 모양과 부피를 가지고 있으니 당연히 고체죠. 하지만 만져보면 반드시 딱딱하지는 않아요. 나무토막이나 유리구슬보다는 물렁하죠.

고체 중에는 이처럼 일정한 모양과 부피를 가지지만 딱딱하지 않은 고체가 있어요. 고체마다 나타나는 성질이 다른 이유에 대해서는 지금은 설명하기가 조금 어려우니까 다음 수업에서 설명해 주겠어요.

액체 상태의 특징

지금까지 모양과 부피가 일정한 물체와 물질들의 성질에 관하여 알아봤어요. 이제 다른 물질들의 성질에 관해서 알아봅시다.

먼저 액체의 모양에 관해서 알아봅시다.

여러분 앞에는 몇 가지 모양의 그릇과 물이 든 병이 있어요.

자, 병 안에 들어 있는 물은 어떤 모양인가요?

__ 물이 들어 있는 유리병 모양과 같은 원통 모양이요.

그렇죠. 병 모양이 둥그런 원통 모양이니 물의 모양도 원통 모양이라고 해야겠네요.

이제는 물을 투명한 유리컵에 부어 보세요. 물의 모양이 어떻게 바뀌었나요?

＿ 유리컵 모양으로 바뀌었어요.

아보가드로는 아랫면이 동그란 투명 유리컵을 손으로 가리키며 학생들에게 말했다.

이제 빈 삼각 플라스크와 사각 용기에도 물을 부어 봐요. 물의 모양이 어떻게 바뀌었는지 말해 보세요.

＿ 삼각 플라스크에서는 물이 원뿔 모양으로 변했고, 사각 용기에서는 물이 사각 모양으로 변했어요.

아보가드로는 물이 든 삼각 플라스크를 들고 학생들에게 질문했다.

  물은 고체처럼 딱딱하지도 않고 그 모양도 일정하지 않다는 것을 알 수 있죠. 물은 넣는 그릇의 모양에 따라 그 모양이 바뀐다는 것을 알 수 있어요.

  이제 물처럼 흐르는 성질이 있는 다른 물질로도 똑같은 실험을 해 보고 싶은데, 어떤 물질이 떠오르나요?

  ＿ 알코올이요.

아보가드로는 빈 삼각 플라스크와 사각 용기에 각각 알코올을 부어 넣은 후 학생들에게 보여줬다.

  알코올을 이용하여 실험해 보면 물과 동일하게 넣는 그릇에 따라 모양이 변한다는 것을 알 수 있을 거예요.

다음으로 액체의 부피에 관해 알아봅시다.

물이나 알코올처럼 흐르는 성질이 있는 물질들의 부피는 어떻게 재면 좋을까요? 자로 잴 수는 없어요. 조금 전 수업에서 울퉁불퉁한 고체의 부피를 잴 때 여러분은 이미 눈치챘을 거예요. 눈금실린더를 이용하면 돼요.

눈금실린더에 물과 알코올을 각각 부어 넣고 부피를 재 봐요. 부피가 얼마죠?

아보가드로는 한 개의 눈금실린더에 물을 20mL 넣은 뒤, 나머지 눈금실린더에 알코올을 10mL 넣었다.

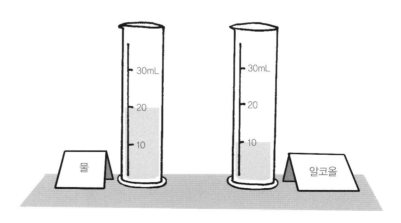

__ 물은 20mL이고, 알코올은 10mL예요.

이제는 다른 사람이 물과 알코올의 부피를 재 볼까요? 그 다음에 다른 눈금실린더로 물과 알코올의 부피를 재 볼까요? 어때요?

__ 모두 똑같은 결과로 나와요.

물과 알코올의 모양이 일정하지 않아서 부피도 일정하지 않을 것 같지만 부피는 달라지지 않는 것을 알 수 있죠.

이렇게 모양은 일정하지 않지만 부피가 일정한 물질을 액체라고 불러요. 액체도 고체처럼 일상생활에서 많이 볼 수 있어요. 물이 대표적이지만 알코올, 식용유, 석유 등 모두 액체예요.

또한 액체는 흐르는 성질이 있어서 고체와 구분돼요. 그럼 모든 액체들은 흐르는 성질이 비슷할까요? 여러분 앞에 물, 식용유, 꿀이 있어요. 이 액체들을 각각 다른 컵에 한번 부어 볼게요. 어때요?

아보가드로는 책상 위에 놓여 있는 물, 식용유, 꿀을 그 앞의 빈 비커에 한 개씩 따르면서 학생들의 반응을 살폈다.

__ 액체가 흐르는 성질이 다 달라요.

물보다는 식용유가 좀 더 천천히 흐르고, 식용유보다는 꿀이 더 천천히 흐르죠. 액체의 흐르는 성질에 차이가 있다는 것은 다른 방법으로 알 수도 있어요. 액체의 부피를 측정하던 도구 기억나죠?

__ 네, 눈금실린더예요.

그렇죠. 각각의 눈금실린더에 서로 다른 액체를 채우고 동일한 구슬을 동시에 떨어뜨려 보는 거예요. 물, 식용유, 꿀 중에서 구슬이 떨어지는 속도가 어떤 순서가 될지는 예상할 수 있겠죠?

액체의 흐르는 성질에 차이가 나는 이유가 무엇인지 앞으

구슬이 떨어지는 속도 : 꿀 < 식용유 < 물

로 수업을 통해 알아보기로 하죠.

액체 사이에 차이가 나는 성질에는 흐르는 성질 이 외에도 여러 가지가 있어요. 또 어떤 성질이 다른지 생각해 봅시다.

여러분이 마시다 만 음료수나 물을 방 안에 오랫동안 둔 적이 있나요? 그럴 때는 음료수나 물의 양이 일정하던가요? 시간이 지남에 따라 액체의 양이 줄어들었던 것을 기억할 거예요.

여러분 앞에는 물, 알코올, 식용유가 각각 들어 있는 컵이 있어요. 이 컵들을 오랫동안 두면 각각 어떻게 변할까요? 한 번 실험해 보세요. 아마 알코올의 양이 가장 많이 줄어들고 그 다음은 물의 양이 많이 줄어들 거예요. 식용유의 양은 거의 변함없지만, 변해도 그 양이 매우 적은 것을 관찰할 수 있을 거예요.

이렇게 액체가 공기 중으로 사라지는 현상을 증발이라고 불러요. 액체마다 공기 중으로 날아가는 현상인 증발에도 정도의 차이가 있어요. 그것은 액체의 어떤 성질 때문일까요? 그 이유는 앞으로 수업을 통해 알아보기로 해요.

액체에는 성질이 다른 여러 종류의 액체가 존재한다는 것을 알았어요. 그렇다면 성질이 다른 두 액체는 잘 섞일까요? 여러분 앞에 여러 가지 액체가 있어요. 잘 섞이는 액체를 찾아보세요.

아보가드로의 책상 위에는 물, 식용유, 알코올 라벨이 붙어 있는 세 개의 비커에 각각의 액체가 반쯤 채워져 있다. 아보가드로는 학생들에게 비커를 가리키며 계속 말했다.

물과 알코올은 잘 섞이지만 식용유와 물, 그리고 식용유와 알코올은 섞이지 않는다는 것을 알 수 있을 거예요. 액체는 그 성질에 따라 잘 섞이는 액체와 잘 섞이지 않는 액체가 있어요. 어떤 이유 때문인지는 앞으로 계속 공부하며 알아봅시다.

기체 상태의 특징

일상생활에서 여러분이 접하는 물질의 상태에는 크게 세 가지가 있어요. 앞 수업에서 배운 고체와 액체가 그 중 두 가지이고 나머지 한 가지는 기체예요. 지금부터 기체 상태의 특징에 대해서 알아봅시다.

먼저 기체의 모양에 관해서 알아봅시다.

아보가드로는 풍선, 빈 플라스틱 병, 탁구공을 학생들의 책상 위에 갖다 놓았다.

여러분 앞에 여러 가지 물건들이 놓여 있어요. 앞 수업에서 배우지 못한 새로운 것들이 무엇이 있는지 잘 관찰해 보세요. 무엇을 알아낼 수 있죠?

__ 그냥 풍선, 빈 병, 탁구공인데……. 그 밖에 아무것도 관찰할 수 없어요.

하하하. 네, 맞아요. 그래도 무엇이 더 보일 수도 있으니 다시 차근차근 관찰해 보세요.

혹시 여러분 중에 이 물건들이 모두 '텅 비어 있다'를 관찰한 사람이 있나요? 텅 비어 있다가 맞는 말 같지만 꼭 맞는 말도 아니에요. 왜냐하면 이 물건들 안은 텅 비어 있지 않고 공기로 가득 차 있거든요.

여러분 앞에 있는 풍선을 들고 입으로 바람을 넣어 볼까요? 어떻게 되나요?

바람이 들어가면서 풍선이 부풀죠. 그렇다면 다시 질문해 볼게요. 풍선 안은 텅 비어 있나요?

__ 공기가 들어갔으니 텅 비어 있지는 않아요.

풍선이 텅 비어 있다고 말할 사람은 아무도 없겠죠. 왜냐하

면 여러분이 방금 입으로 무엇인가를 불어 넣었잖아요. 여러
분은 지금 공기를 불어 넣었어요.

공기는 눈에 보이지 않기 때문에 없는 것처럼 보이지만 항
상 우리 주위에 존재하죠. 공기 중에 산소가 없다면 우리는
숨을 쉴 수 없잖아요.

이제 공기가 눈에 보이지 않지만 존재한다는 것을 알게 됐
어요. 그렇다면 공기의 모양은 어떻게 생겼을까요? 여러분이
방금 불어 크게 만든 풍선 안에 공기가 들어 있어요. 공기는
어떤 모양인가요?

___ 둥그런 모양이요.

그럼 빈 플라스틱 병에 들어 있는 공기는 어떤 모양인가요?

___ 긴 원통 모양이요.

그럼 마지막으로 탁구공 안에 들어 있는 공기는 구 모양이라고 할 수 있겠죠? 이제 여러분은 눈치챘을 거예요. 공기는 정해진 모양이 없어요. 공기를 담고 있는 그릇의 모양에 따라 공기의 모양은 다양하게 변한답니다.

다음으로 기체의 부피에 관해서 알아볼까요?

고체나 액체는 자나 눈금실린더를 이용하여 부피를 쟀는데, 그럼 기체는 어떻게 부피를 재면 좋을까요?

___ 울퉁불퉁한 고체의 부피를 잰 것처럼 물이 든 눈금실린더에 기체를 넣어서 부피를 재면 돼요.

기체가 눈에 보이지 않기 때문에 곤란하지 않을까요? 좀 더 쉬운 방법은 없을까요? 주사기를 이용하면 어떨까요?

아보가드로는 재빠르게 주머니에서 플라스틱 주사기를 꺼내 들었다. 주사기에는 눈금이 있고 피스톤이 실린더의 반쯤 들어가 있다.

내가 들고 있는 주사기에는 공기가 들어 있어요. 얼마나 들

어 있나요?

　＿ 10mL만큼 들어 있어요.

　네, 올바르게 눈금을 읽었군요. 그럼 주사기 앞을 손가락으로 막고 피스톤을 눌러봐요. 피스톤이 안으로 들어가죠? 많이 누를 수는 없지만 그래도 힘을 조금만 주면 공기의 부피가 줄어드는 것을 알 수 있어요. 즉, 공기는 부피가 일정하지 않아요. 주위에서 힘을 가하면 부피가 금방 바뀌죠.

　이처럼 공기는 고체나 액체와 달리 부피가 일정하지 않아요. 주위에서 힘을 가하면 쉽게 변하죠.

지금까지 공기의 모양과 부피가 일정하지 않다는 것을 배웠어요. 공기처럼 모양과 부피가 주위 조건에 따라 쉽게 변하는 물질의 상태를 기체라고 해요. 일상생활에서 공기처럼 모양과 부피가 일정하지 않은 기체가 들어 있는 물건들은 무엇이 있을지 더 생각해 보세요.

풍선 속에 들어 있는 공기를 빼면 어떻게 되나요? 바람이 빠져나가죠? 운동장에 나가 서 있으면 바람이 부는 것을 느낄 수 있어요. 옷이 흔들리거나 하늘에 구름이 움직이는 것도 모두 바람이 불기 때문이에요. 바람은 공기의 움직임을 말해요. 공기와 같은 기체는 고체나 액체처럼 한곳에 가만히 있지 않아요. 주위에서 자극이 주어지든, 주어지지 않든 다른 공간으로 움직이는 성질이 있어요.

그럼 혹시 공기는 질량을 가지고 있을까요? 공기가 질량이 있는지를 알아낼 수 있는 방법에는 무엇이 있을까요? 아주 성능이 좋은 전자저울에 공기를 완전히 뺀 풍선의 질량을 잰 뒤 공기를 가득 채운 후 다시 풍선의 질량을 재서 두 질량의 차이를 계산하면 그것이 공기의 질량이죠. 물론 좀 더 정밀한 실험을 해야 공기의 정확한 질량을 알 수 있겠지만 이렇게 간단히 공기가 질량을 가지고 있음을 알 수 있어요.

풍선을 불 때 입으로 불거나 공기 주입기로 공기를 불어 넣으면 풍선은 바닥으로 가라앉아요. 그런데 놀이 공원에서 볼 수 있는 헬륨을 불어 넣은 풍선은 공기 위로 떠오르는 성질이 있어요. 그것은 기체마다 단위 부피 당 질량이 달라서 나타나는 현상인데, 너무 가벼워서 무게가 없을 것 같은 기체들도 서로 질량의 차이가 난다는 것은 참 흥미로운 현상이죠.

여러분이 가끔 먹는 탄산음료에는 어떤 기체가 녹아 있을까요? 탄산음료에는 이산화탄소가 녹아 있어요. 이산화탄소는 음료에 녹아 톡 쏘는 맛을 더해 주어 탄산음료를 마시는 즐거움을 더해 주죠. 탄산음료의 마개를 열 때 '피식' 하는 소리를 들을 수 있죠? 그것은 높은 압력으로 음료에 녹아 있던 이산화탄소가 뚜껑을 열 때 밖으로 새어 나오는 소리예요. 이처럼 이산화탄소는 물에 녹지만 모든 기체들이 물에 녹는 것은 아니에요. 기체마다 성질이 달라 물에 녹는 성질에도 차이가 나죠.

여러분, 양초에 불을 붙이려면 어떤 기체가 필요할까요?

__ 산소가 필요해요.

맞아요. 공기 중에는 산소가 들어 있어서 불이 잘 붙는 거예요. 여러분 앞에는 그냥 공기만 들어 있는 병과 산소로 가득 찬 병이 있어요. 여기에 불이 붙어 있는 향불을 넣어 볼게요.

아보가드로의 책상 위에 입구가 넓은 빈 병이 두 개 있다. 병 한 개에는 공기라고 쓰여 있고 다른 병에는 산소라는 글자가 적혀 있다. 두 병 위에는 유리판으로 뚜껑이 씌워져 있다. 아보가드로는 향에 불을 붙여 향불을 두 개 만들더니 누가 선생님을 도와줄 수 있는지 묻는 듯한 표정을 지어 보였다. 그러자 학생들은 서로 자기가 돕겠다고 손을 들었다.

여러분, 공기와 산소가 각각 들어 있는 유리병에 향불을 넣었더니 어떤 현상이 생기나요?

__ 공기에서는 처음과 비슷한 밝기로 향이 타지만, 산소 속에서는 훨씬 밝은 빛을 내며 타요.

똑같은 기체이지만 산소는 향불이 더 잘 타게 돕는 성질이

산소

공기

있는 것을 알 수 있어요. 또한 이산화탄소 기체를 향불이 들어 있는 병에 부어 주면 불이 금방 꺼져요.

우리 눈에 보이지 않지만 기체는 이렇게 다양한 성질을 가지고 있어요. 기체들이 왜 이런 성질을 가지며, 기체의 이런 성질에 차이가 나는 이유를 앞으로 나와 함께 알아보기로 하죠.

만화로 본문 읽기

2

물질의 상태가 변할 때
어떤 현상이 발생할까요?

물질은 고체, 액체, 기체 사이에서 변할 수 있습니다.
물질의 상태가 변할 때 어떤 현상이 발생하는지 알아봅시다.

2

물질의 상태가 변할 때
어떤 현상이 발생할까
요?

아보가드로가 물이 든 생수 병을 들고
두 번째 수업을 시작했다.

　여러분 앞에는 물이 든 생수 병이 두 개 있어요. 하나는 뚜껑을 열어 두었고, 또 한 개는 뚜껑을 닫아 두었어요. 두 병을 며칠 동안 두면 어떻게 될까요?

　뚜껑을 열어 둔 병은 물의 양이 줄어들며, 날씨가 건조한 경우는 물이 하나도 남아 있지 않을 거예요. 하지만 뚜껑을 닫은 병에서는 물의 양이 변하지 않는 것을 관찰할 수 있을 거예요. 물의 양이 줄어든 경우는 액체인 물이 공기 중으로 사라진 것이에요. 즉, 물이 액체에서 기체 상태로 변한 것이죠. 이처럼 물질의 상태가 변하는 현상에는 어떤 것이 더 있는지 찾아보세요.

먼저 액체와 기체 사이의 상태 변화에 관해서 알아봅시다.

다음은 물질의 상태가 변하는 몇 가지 현상들이에요. 이 상태 변화의 공통점은 무엇인지 말해 보세요.

물과 알코올은 어떤 상태이죠? 물과 알코올은 모양이 일정하지 않고 흐르는 성질이 있어요. 그리고 부피는 일정한 물질임을 앞 수업에서 배웠어요. 따라서 물과 알코올은 액체 상태죠. 이때 물이 끓거나 알코올이 손등에서 증발하면 액체가 기체로 변하여 공기 중으로 사라지죠. 즉, 처음의 두 사진에 제시된 상태 변화는 액체에서 기체로 상태 변화하는 현상임을 알 수 있어요.

반면, 새벽에 풀잎 위에 맺힌 이슬은 어떻게 생겼을까요? 공기 중에는 늘 물의 기체 상태인 수증기가 존재하죠. 이때 새벽에 땅 가까운 곳의 기온이 내려가면 공기 중의 수증기가 액체로 변하는데, 이것이 이슬이에요. 목욕탕 안의 거울에 생긴 김도 같은 원리로 생겨요. 목욕탕에는 공기 중에 수증기가 많아요. 즉, 습도가 높죠. 그래서 공기 중의 수증기는 거울이나 벽 등에서 액체인 물방울로 쉽게 변한답니다. 새벽에 풀잎 위에 생긴 이슬이나 목욕탕 거울에 생긴 김의 공통점은 모두 기체에서 액체로 상태 변화한 현상이에요.

지금까지 살펴본 네 가지 현상은 모두 액체와 기체 사이의 상태 변화랍니다. 이 외에도 우리 주위에는 액체와 기체 사이의 상태 변화에 해당하는 현상이 아주 많아요. 또 어떤 현상들이 있는지 찾아보세요.

다음으로 고체와 액체 사이의 상태 변화에 관해 알아봅시다. 내가 들고 있는 사진들은 모두 물질의 상태가 변하는 현상들이에요. 이 상태 변화의 공통점은 무엇인지 말해 보세요.

    여러분이 보고 있는 윗줄의 세 장의 사진은 어떤 공통점이 있나요?

    이 사진들의 처음 상태는 모두 어떤 상태인가요? 눈, 아이스크림, 버터는 모두 일정한 모양을 가지고 있어요. 물질의 세 가지 상태 중 일정한 모양을 가지고 있는 상태는 고체죠. 첫 번째 사진의 현상은 고체인 눈이 물로 변하고 있어요. 물은 모양이 일정하지 않지만 부피가 일정한 액체죠. 그리고 두 번째 사진의 아이스크림도 물과 우유가 얼어 있는 딱딱한 고체로 존재하다가 흐르는 성질의 액체로 변하고 있어요. 세 번째 사진에서도 따뜻한 프라이팬 위에서 고체 상태의 버터가 액체로 녹아 흐르고 있어요. 모두 고체에서 액체로 상태가 변하고 있는 것이에요.

아랫줄의 세 장의 사진에 나오는 현상들은 어떤 공통점이 있나요?

쇳물을 굳혀 딱딱한 농기구를 만드는 모습에서는 어떤 상태 변화가 나타나죠? 쇳물은 흐르는 성질을 가진 액체이지만 온도가 낮아지면서 일정한 모양을 가진 딱딱한 고체로 변하고 있어요. 그리고 물이 얼음이 되는 모습에서는 액체인 물이 딱딱하고 일정한 모양을 가진 고체 상태의 얼음으로 변하고 있어요. 마지막 사진은 흐르는 촛농이 굳는 모습으로, 촛농은 원래 고체 상태의 파라핀이 높은 온도에서 녹은 액체 파라핀이에요. 이 액체가 다시 온도가 낮아지면서 고체 상태의 딱딱한 파라핀으로 변하는 모습이죠.

여러분이 보고 있는 여섯 가지 현상은 모두 고체와 액체 사이의 상태 변화랍니다. 이 외에도 우리 주위에는 고체와 액체 사이의 상태 변화에 해당하는 현상이 아주 많아요. 또 어떤 현상들이 있는지 찾아보세요.

이제 고체와 기체 사이의 상태 변화에 관해 알아봅시다.

내가 들고 있는 사진들은 물질의 상태가 변하는 몇 가지 현상들이에요. 이 상태 변화의 공통점은 무엇인지 말해 보세요.

드라이아이스

서리

　드라이아이스와 언 빨래의 얼음은 어떤 상태죠? 드라이아
이스와 얼음은 모두 고체 상태죠. 두 사진에서 드라이아이스
는 점차 크기가 줄어들어 없어지고 있고, 언 빨래도 그대로
마르고 있어요. 두 사진에 나타나는 현상의 공통점은 무엇일
까요? 기체는 눈에 보이지 않지만, 드라이아이스의 양이 줄
어들고 언 빨래가 마르는 현상을 통하여 고체 이산화탄소와
얼음이 액체 상태를 거치지 않고 기체 이산화탄소와 수증기
로 상태 변화하고 있음을 알 수 있어요.

그리고 겨울철 창문에 서리가 생기는 사진에서는 어떤 상태 변화를 관찰할 수 있죠? 서리는 추운 겨울 날 창문에 생기는 현상인데, 이것은 공기 중의 수증기가 차가운 창문에서 바로 얼음으로 변하여 나타나는 자연 현상이에요. 즉, 기체에서 고체로 상태 변화한 현상이죠.

따라서 세 장의 사진에서 나타나는 현상의 공통점은 모두 고체와 기체 사이의 상태 변화랍니다. 이 외에도 우리 주위에는 고체와 기체 사이의 상태 변화에 해당하는 현상이 아주 많아요. 또 어떤 현상들이 있는지 찾아보세요.

상태가 변할 때는 모양이 변합니다

물질의 상태는 고체, 액체, 기체, 즉 세 가지 상태가 존재하는데 상태가 변할 때 무엇이 변하는지 알아보죠.

고체, 액체, 기체는 모양에서 차이가 난다는 것을 알고 있을 거예요. 고체는 일정한 모양을 가지고 있는데 액체와 기체는 일정한 모양이 없어요. 액체와 기체는 담는 그릇의 모양에 따라 모양이 결정되잖아요.

그래서 상태 변화가 일어나면 모양이 변한다는 것을 알 수 있어요. 예를 들어 보죠. 삼각 플라스크 안에 사각 얼음이 몇 개 들어 있어요. 얼음의 모양은 삼각 플라스크의 모양과 상관없이 사각형 모양을 가지죠. 그런데 삼각 플라스크를 실온에 두면 온도가 높아져 얼음이 물로 바뀌죠. 물은 액체이기 때문에 흐르는 성질이 있잖아요. 그래서 물의 모양은 삼각 플라스크의 모양대로 만들어지죠. 이번에는 삼각 플라스크에 풍선을 씌우고 서서히 가열해 볼까요?

아보가드로는 바닥에 물이 조금 있는 삼각 플라스크에 풍선을 씌웠다. 그리고 풍선을 씌운 삼각 플라스크를 알코올 램프가 있는 삼발이 위에 올려놓고, 알코올 램프에 불을 붙였다. 그러자 물이 없어지면서 풍선은 부풀어 올랐다.

어떤 현상이 일어나고 있나요?
__ 풍선이 부풀고 있어요.
물이 점점 없어지면서 풍선이 부푼 모습을 관찰할 수 있을 거예요. 기체도 담긴 그릇의 모양에 따라 기체의 모양이 결정되지만 액체에 비해서 부피가 매우 커진다는 것이 다른 점이에요.

상태가 변할 때는 부피가 변합니다

여러분이 직접 만든 수제 초콜릿을 누군가에게 선물한다면 받는 사람의 기분이 어떨까요? 자신만이 만들 수 있는 독특한 모양의 초콜릿을 만들어 볼까요?

학생들은 실험에 초콜릿이 등장하자 입맛을 다셨다.

여러분이 원하는 모양의 초콜릿을 만들기 위해서 우선, 초콜릿을 잘게 자른 후 지퍼백에 넣습니다. 그리고 지퍼백을 뜨거운 물에 담가 초콜릿이 완전히 녹을 때까지 기다려요. 초콜릿이 다 녹아 액체가 되면 지퍼백의 끝을 잘라 액체 초콜릿이 흘러나오도록 만들어요. 이렇게 흘러나오는 초콜릿을 원하는 모양의 틀에 짜 넣고 굳히면, 여러분만의 독특한 모양을 가진 초콜릿을 만들 수 있어요. 액체 초콜릿이 굳어 고체가 되면 부피가 달라지나요?

＿ 글쎄요. 별로 달라져 보이지 않아요.

자세하게 관찰하지 않으면 초콜릿의 부피가 조금 감소하는 변화를 알아채기는 어려워요.

이번에는 초콜릿 틀에 물을 넣고 굳혀 볼까요? 물을 넣은 초콜릿 틀을 냉장고에 넣고 기다리면 돼요. 물이 얼음으로

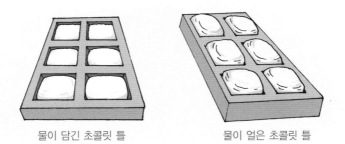

물이 담긴 초콜릿 틀   물이 얼은 초콜릿 틀

되었을 때 부피가 어떻게 달라졌나요? 표면을 자세하게 관찰해 보면 얼음이 위로 살짝 튀어나온 것을 볼 수 있어요.

얼음은 초콜릿과 달리 얼 때 부피가 약간 증가해요. 하지만 그 변화가 눈에 띌 정도로 크지 않아 평상시에는 잘 느끼지 못할 수 있어요.

이번에는 지퍼백에 물을 한 방울 넣고 공기를 쫙 뺀 다음 지퍼백을 뜨거운 물에 넣고 가열해 봐요.

아보가드로는 스포이트로 물을 한 방울 지퍼백에 떨어뜨린 후 지퍼백을 손가락으로 쫙 눌러 공기를 빼냈다. 그리고 지퍼백 입구를 닫고 지퍼백을 끓는 물 위에 올려놓았다. 잠시 후 찌그러진 지퍼백이 뜨거운 물 위에서 팽팽하게 펴졌다.

지퍼백과 물방울은 어떻게 되었나요?

__ 지퍼백 안에 있던 물방울은 없어지고 지퍼백이 팽팽하게 펴졌어요.

그건 물이 수증기로 변하면서 부피가 증가했기 때문이랍니다.

고체와 액체 사이에 상태가 변할 때 부피가 약간 변하기는 하지만 그 변화가 눈에 띌 만큼 큰 변화는 없지요. 하지만 액체와 기체 사이의 상태 변화에서는 그 변화 정도가 매우 커요. 왜 이런 현상이 나타나는지는 앞으로 수업을 하면서 알아보기로 해요.

상태가 변할 때는 밀도가 변합니다

물질의 성질을 알아낼 때 모양, 부피, 질량 등을 측정하거나 관찰할 수 있어요. 그러면 액체 상태인 물을 부피를 달리하여 질량을 측정하면 어느 쪽의 질량이 더 클까요?

__ 당연히 물의 부피가 더 큰 쪽이요.

아보가드로는 윗접시 저울 양쪽에 물 10mL, 물 20mL가 들어 있

는 비커를 각각 올려놓았다. 비커를 올려놓자 수평을 이루던 윗접시 저울은 물 20mL가 들어 있는 비커 쪽으로 기울었다.

여러분의 예상처럼 물 20mL가 더 무거워요. 그럼 물 20mL를 반으로 줄여 두 액체의 질량을 비교하면 어떻게 될까요?

__ 부피가 같아지니까 질량도 같아질 거예요.

아보가드로는 윗접시 저울 양쪽에 물 10mL가 들어 있는 비커 2개를 각각 올려놓았다. 비커를 올려놓아도 윗접시 저울의 수평은 그대로 유지되었다.

그래요. 이렇게 부피와 질량은 비례하기 때문에 부피가 아

무리 커도 단위 부피로 변화시켜 질량을 계산하면 단위 부피
당 질량은 일정한 값이 나오죠.

단위 부피당 차지하는 질량을 밀도라고 정의하는데, 같은
상태에서 같은 물질이라면 물질의 부피가 달라도 물질의 밀
도는 항상 일정하게 나오죠. 그래서 밀도는 물질의 특성에
속해요.

그러면 물질의 상태가 달라지면 밀도는 어떻게 변할까요?
밀도는 일정 부피를 차지하는 물질의 질량이므로 고체, 액
체, 기체로 상태가 변할 때 질량과 부피가 어떻게 변하는지
만 알면 되겠죠? 어떤 물질을 그릇에 넣은 후 더 넣거나 빼내
지 않는다면 물질의 상태가 변해도 질량은 일정하죠. 고체에
서 액체로 변할 때 부피가 조금 줄어드는 경우도 있지만 대부
분의 물질에서는 부피가 조금 늘어나요. 밀도는 일정한 부피

과학자의 비밀노트

물질의 특성

다른 물질과 구별되는 그 물질만의 고유한 성질을 뜻하며, 겉보기 성질 (색, 맛, 냄새, 결정 모양, 촉감, 굳기 등 감각 기관이나 간단한 기구를 통해 구별할 수 있는 물질의 성질)이나 녹는점(고체에서 액체로 상태 변화하는 온도), 끓는점(액체에서 기체로 상태 변화하는 온도), 어는점(액체에서 고체로 상태 변화하는 온도), 밀도(단위 부피당 질량), 용해도(일정한 온도에서 용매 100g에 최대로 녹을 수 있는 용질의 g수) 등은 물질의 특성이 될 수 있다.

하지만 부피, 질량, 무게, 넓이, 길이 등과 같이 물질을 취하는 양에 따라 달라지는 물리적인 양은 물질의 특성이 될 수 없다.

에 해당하는 물질의 질량이므로 부피가 증가하면 밀도는 감소해요. 그래서 고체에서 액체로 상태 변화할 때 밀도는 대체로 감소해요. 그리고 액체에서 기체로 변할 때 부피는 크게 증가하므로 밀도는 크게 감소할 것이라고 예상할 수 있지요.

상태 변화에서 일정한 것도 있어요

물질을 가열하거나 냉각하여 상태를 변화시키면 모양이나

부피가 변해요.

그렇다면 질량은 어떻게 변할까요? 실제로 물을 몇 방울 지퍼백에 넣고 가열하거나 냉각시켜 수증기나 얼음을 만들어 질량을 측정해 보면 질량은 변하지 않는다는 것을 알 수 있어요. 왜냐하면 물질을 추가하거나 빼지 않고 단순히 물질의 상태만 변화시키기 때문이죠.

또한 상태가 변할 때 물질의 성질은 일정하답니다. 물을 얼리거나 가열하여 고체나 수증기로 변화시킨 다음 다시 액체로 변화시키면 그 물질을 물이라고 할 수 있을까요? 겉으로 보이는 현상만으로 처음과 동일한 물이 만들어졌다고 판단하기는 어렵지만 몇 가지 실험을 통해 처음과 동일한 물이 다시 만들어졌음을 확인할 수 있어요.

우선 액체의 색깔, 냄새를 처음의 액체와 비교해 볼 수 있어요. 정밀한 방법은 아니지만 색깔, 냄새가 동일하다는 것을 통하여 같은 물질일 것이라는 가능성을 높여주죠. 다음으로 염화코발트를 이용할 수 있어요. 염화코발트는 물이 전혀 없을 때는 푸른색, 물이 존재하면 붉은색으로 변하는 성질을 가진 물질이에요. 염화코발트 종이를 상태 변화 전후의 두 액체에 묻혀 보면 모두 붉은 색으로 변하는 것을 관찰할 수 있어요.

이것으로 액체인 물이 고체나 기체로 변했다가 다시 액체로 변해도 동일한 물이 만들어짐을 알 수 있지요.

이렇게 상태 변화가 일어날 때 변하지 않는 것에는 물질의 질량, 성질이 있음을 알 수 있어요.

박사님, 경희를 다시 원래 상태로 만들 방법이 없나요?

그… 그게 말이죠, 아무래도 상태 변화 광선총이 어딘가 고장이 난 듯해요. 지금 고치고 있는데….

아, 뭔가 기분이 이상해…

앳 박사님, 이것 좀 보세요!

헉, 이럴 수가!

처음보다 양이 많이 줄었어요! 여기 눈금 좀 보세요.

아뿔싸! 액체는 그냥 두면 증발한다는 사실을 깜빡 잊었군요.

눈에 보이지 않는 입자들.

증발이라뇨? 그럼, 액체화된 경희의 몸이 기체로 변했다는 건가요?

네, 바로 그런거죠. 큰일이군요. 플라스크 입구를 막아야 기체로 변한 경희 양이 공기 중으로 흩어지는 것을 막을 텐데, 뚜껑이 없으니….

몸이 붕 뜨는 기분이야~ 헤롱~

일단 급한 대로 이걸 이용하도록 해요. 경희야, 최대한 플라스크 쪽으로 몸을 모아봐!

빨리 광선총을 고쳐야겠어요. 상태 변화가 일어날 때는 모양, 부피 등이 변하는데 특히 고체나 액체가 기체로 변할 때는 모양, 부피 등이 급격하게 변하지요.

휴~, 다행이다. 네 몸무게가 변함없는 걸 보니 네 몸이 다 모아졌어.

내 몸무게를 네가 어떻게 알고!!

그… 그래요. 상태가 변해도 경희 양의 몸무게는 변하지 않으니 안심해요.

물질의 **상태**가 변할 때 **입자 배열**은 어떻게 달라질까요?

물질의 상태가 변하면 물질을 구성하는 입자 배열이 달라집니다.
각 상태 변화에서 입자 배열이 어떻게 달라지는지 알아봅시다.

3

세 번째 수업

물질의 상태가 변할 때
입자 배열은 어떻게 달
라질까요?

교.
과.
연.
계.

중등 과학 1
중등 과학 3

1. 물질의 세 가지 상태
3. 물질의 구성

아보가드로가 의미심장한 얼굴로
세 번째 수업을 시작했다.

물질은 입자로 존재함을 추론하다

　지금까지 물질의 상태 변화에서 변하는 현상과 변하지 않는 현상들에 관하여 알아봤어요. 예를 들어 물이 상태 변화를 거치더라도 모양, 부피 등의 겉보기 성질만 달라지며, 물질의 본래의 성질은 변하지 않아요. 물질이 고체에서 액체로 변하면 모양이나 딱딱한 정도만 바뀌고 부피는 거의 변하지 않지만, 액체에서 기체로 변하면 액체가 눈에 보이지 않게 되면서 부피가 늘어나지요. 그렇다면 물질이 사라져 없어진 것일까요? 이러한 상태 변화를 거치면서 질량은 안 바뀌기 때문에 원래 물질의 성질을 갖는 무엇인가가 그릇 안에 존재한다는 것을 알 수 있죠.

이렇게 상태 변화에서 나타나는 현상들을 설명하려면 물질이 어떻게 존재하고 있어야 할까요?

먼저 물질이 잘 늘어나는 고무나 밀가루 덩어리와 같은 성질을 가졌다면 우리가 관찰한 현상들을 잘 설명할 수 있을까요? 고체에서는 꽉 뭉쳐 있어서 딱딱하고 부피도 일정하지만 액체 상태일 때는 좀 더 흐물흐물하게 움직여서 모양이 변할 수 있음을 설명할 수 있어요. 하지만 액체에서 기체로 상태가 변할 때 물질이 보이지 않는 것과 부피가 몇백 배에서 몇천 배로 증가하는 현상을 설명하기에는 부족하죠. 왜냐하면 고무를 아무리 늘려도 항상 눈에 보이잖아요.

그렇다면 물질이 아주 작은 입자로 구성되어 있다면 어떨까요?

아주 작은 입자가 가깝게 붙어 있어서 고체 상태를 만들면 일정한 모양이나 부피를 설명할 수 있어요. 그리고 액체 상태일 때는 그 물질을 구성하는 아주 작은 입자가 고체 상태일 때보다 서로 좀 더 멀리 떨어져 있지만, 마치 줄로 묶인 것처럼 서로 약간의 구속력이 있다고 상상하면 모양이 변하는 현상을 설명할 수 있어요. 마지막으로 기체 상태일 때는 입자들이 아주 멀리 떨어져 있어서 서로 간의 구속력이 거의 없다고 생각하면 모양도 일정하지 않겠지만 부피도 쉽게 변하는 현상을 설명할 수 있어요.

과학 기술이 발달하지 않은 과거에는 처음 생각처럼 물질이 고무처럼 늘어나면서 상태가 변한다고 생각한 적이 있었어요. 하지만 과학 기술이 발달하면서 여러 실험을 통해 물질이 아주 작은 입자로 존재함을 확인했고, 물질의 상태가 변할 때 나타나는 현상을 입자의 배열로 설명하게 되었어요. 그리고 그 입자가 분자라는 사실은 이후 과학자들의 연구를 통해 차츰 밝혀지게 되었어요.

이번 수업에서 물질의 상태에 따라 물질을 구성하는 입자의 배열에 관해 좀 더 자세하게 알아보겠어요.

물질의 상태에 따른 입자 배열

다음 페이지의 그림은 물의 상태를 변화시켜 고체 상태인 얼음, 액체 상태인 물, 기체 상태인 수증기가 만들어지는 현상을 나타낸 것이에요.

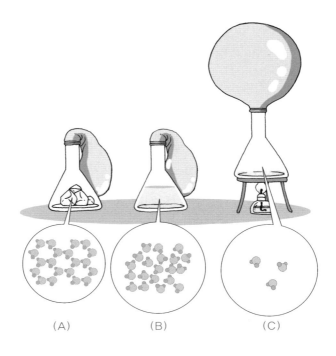

(A) (B) (C)

　　상태 변화가 일어나면 물질의 모양, 부피는 변하지만 질량
은 변하지 않기 때문에 물을 구성하는 입자 수는 똑같아요.
물이 고체에서 액체로 변하면 부피 변화는 조금밖에 안 일어
나지만 모양이 자유롭게 변할 수 있어요. 이것으로 보아 얼
음을 구성하는 아주 작은 입자들을 묶는 힘이 약해진다는 것
을 추론할 수 있어요. 그리고 액체에서 기체로 변할 때는 부
피가 매우 커지죠. 이것은 물을 구성하는 아주 작은 입자들
의 거리가 매우 멀어진다는 뜻이겠죠?

왼쪽 페이지의 그림을 통해 물을 구성하는 아주 작은 입자들의 배열은 물질의 상태에 따라 다르게 나타난다는 것을 알 수 있어요.

먼저, 고체는 모양과 부피가 일정하여 다른 모양이나 부피로 변하기 쉽지 않아요. 그 이유는 고체 상태의 입자 배열에서 보듯이 입자들 간의 강한 힘으로 서로 잘 움직이지 못하도록 당기고 있기 때문이에요.

그리고 액체는 일정한 부피를 가지고 있지만 모양이 유동적이죠. 그 이유는 액체 상태의 입자 배열에서 보듯이 입자 간 간격이 고체에 비해 멀어지면서 입자 간에 존재하는 힘이 조금 줄어들어요. 그래서 입자들 사이에 서로 구속하는 힘이 작기 때문에 입자들이 자유롭게 움직이면서 모양이 쉽게 변할 수 있죠. 하지만 입자들 사이에는 여전히 힘이 존재하고 있어서 입자들이 아주 멀리 떨어지지는 못하는 상태예요.

마지막으로 기체는 모양과 부피가 일정하지 않아요. 그 이유는 기체 상태의 입자 배열에서 보듯이 입자 간 간격이 액체에 비해 매우 멀어요. 입자 간의 거리가 매우 멀기 때문에 서로를 구속하는 힘은 거의 존재하지 못하죠.

그래서 물을 가열하여 수증기로 만들면 풍선의 탄성과 대기압을 이길 수 있는 정도의 힘으로 수증기는 풍선을 부풀게

하죠. 만약에 풍선이 없다면 수증기는 지구상의 어디든 날아 갈 거예요.

물질의 상태 변화에 따른 입자 배열 비교

앞의 그림에 주어진 입자 배열 중에서 어떤 상태의 입자 배열이 가장 규칙적이죠?

＿ (A)그림에서 볼 수 있는 고체 상태의 입자 배열이 가장 규칙적이에요.

네, 그렇죠. 고체는 입자 사이의 인력이 강하게 작용하여 입자들이 규칙적으로 배열해 있죠. 그리고 기체의 입자 배열이 가장 불규칙하죠. 그것은 무슨 의미일까요? 기체는 물질을 구성하는 입자들 사이의 인력이 거의 없어 입자들은 매우 멀리 떨어져 있고 배열은 매우 불규칙한 모습이죠.

여러분이 보고 있는 물질의 상태에 따른 입자 배열은 고체, 액체, 기체를 구성하는 입자들의 실제 배열이나 입자 간 거리를 나타낸 것은 아니에요. 단지 물질의 상태 변화를 관찰하고 입자들의 실제 모습을 비유적으로 나타낸 것뿐이에요.

하지만 모형을 이용하여 물질의 상태에 따른 입자 배열을 나타내면 물질의 상태에 따른 여러 현상들을 잘 설명할 수 있어요.

먼저 액체와 기체 사이의 상태 변화에 따른 입자 배열을 비교해 봅시다.

다음은 공기와 물을 주사기에 각각 넣고 눌러보는 실험이에요. 이 실험 결과를 보고 무엇을 알 수 있는지 입자 배열을 이용하여 설명해 볼까요?

아보가드로는 공기가 들어 있는 주사기 끝을 고무 마개로 막은 후 피스톤을 눌렀다. 그랬더니 공기가 들어 있는 주사기는 피스톤이 많이 눌러졌다. 잠시 후 아보가드로는 다른 주사기를 한 개 더 꺼내더니 주사기에 물을 채웠다. 그리고 물을 채운 주사기 끝을 고무 마개로 막은 후 피스톤을 눌렀더니 주사기의 피스톤은 거의 눌러지지 않았다.

이 실험은 기체와 액체의 부피가 외부 힘에 의해서 얼마나 다르게 변하는지 비교하는 실험이에요. 물이 들어 있는 주사기는 피스톤이 거의 눌러지지 않는데, 공기가 들어 있는 주사기는 피스톤이 많이 눌러지는 이유가 무엇일까요? 그것은 입자 배열로 설명이 가능해요.

공기는 기체로 입자들이 매우 멀리 떨어진 상태로 배열되어 있어요. 반면에 물은 액체로 입자들의 배열이 불규칙적이지만 거리는 상당히 가깝죠. 그래서 공기에 힘을 가하면 공기를 구성하는 입자들은 공간적 여유가 있어서 가깝게 줄어들 수 있어요. 하지만 액체는 이미 입자들 사이의 간격이 가깝기 때문에 더 이상 가까워지기 힘들죠. 이렇게 물질의 상태에 따라 다르게 나타나는 현상은 입자 배열을 이용하여 설명이 가능해요.

그럼 이번에는 고체와 액체 사이의 상태 변화 현상을 입자 배열로 설명해 볼까요? 다음 현상을 관찰해 보세요.

아보가드로는 양초에 불을 붙여 촛농이 만들어질 때까지 기다렸다. 학생들도 모두 숨을 죽이고 기다렸다. 잠시 후 촛농이 흘러내리기 시작했다. 흘러내린 촛농은 바닥에서 바로 굳어 쌓이기 시작했다.

여러분은 촛농이 만들어지는 모습과 촛농이 다시 굳는 모습에서 무엇을 관찰했나요?

__ 고체가 액체가 되고, 액체가 고체가 되는 상태 변화를 관찰할 수 있어요.

그렇죠. 양초는 고체 파라핀이고, 촛농은 액체 파라핀이에

요. 먼저 고체 파라핀인 양초에 불을 붙이면 녹아서 촛농이 만들어지죠. 또 고체 파라핀은 딱딱하고 모양과 부피가 일정한 반면에 액체 파라핀인 촛농은 흐르는 성질이 있으며 모양이 일정하지 않은 것을 관찰할 수 있어요.

왜 고체 파라핀과 액체 파라핀의 성질에 차이가 있는지 입자 배열로 알아볼까요?

고체 상태는 물질을 구성하는 입자들이 매우 가깝게 서로 단단히 묶여 있어요. 그래서 딱딱하고 모양도 일정한 반면, 액체 상태는 물질을 구성하는 입자들을 서로 묶어 주는 힘이 약해져서 입자 간의 거리는 가깝지만 입자들이 서로 자유롭게 움직일 수 있어요. 그래서 액체 상태의 물질은 모양이 유동적이죠. 액체 상태의 물질을 구성하는 입자들이 고체 상태보다 자유롭게 움직일 수 있지만 액체 상태의 물질을 구성하는 입자들은 여전히 강한 힘에 의해 묶여 있기 때문에 부피는 일정하죠.

마지막으로 고체와 기체 사이의 상태 변화에 따른 입자 배열을 비교해 보겠어요.

고체와 기체 사이의 상태 변화 현상을 입자 배열로 설명해 볼까요? 다음 실험에서 관찰할 수 있는 내용은 무엇인지 모두 말해 보세요.

아보가드로는 양손에 목장갑을 끼더니 아이스 박스에서 드라이아이스 한 조각을 꺼냈다. 그리고 지퍼백에 드라이아이스 한 조각을 넣고 손으로 지퍼백을 눌러 공기를 모두 빼내고 잠갔다. 아보가드로와 학생들 모두 지퍼백에 어떤 변화가 생기는지 관찰했다.

여러분은 무엇을 관찰했나요?

__ 드라이아이스의 크기가 점점 줄어들면서 사라져요.

__ 지퍼백이 점점 부풀어 올라 빵빵해지고 있어요.

여러분이 관찰한 상태 변화는 고체에서 바로 기체로 변하는 상태 변화이죠. 이 현상은 물질을 구성하는 입자들의 배열로 설명이 가능해요.

고체 상태는 앞에서 설명했듯이 물질을 구성하는 입자들이 서로 강한 힘으로 묶여 있어 입자 사이의 간격이 매우 가까워요. 그래서 일정한 모양을 만들죠.

그런데 기체 상태는 물질을 구성하는 입자들을 서로 묶어 주는 힘이 거의 없어 입자 사이의 간격이 매우 넓어요. 이 실험에서의 지퍼백과 같이 기체가 움직일 수 있는 공간을 제약 해주지 않으면 아주 멀리 떨어질 수도 있어요. 그리고 기체 상태의 물질을 구성하는 입자들의 간격이 매우 멀리 떨어져 있기 때문에 기체가 들어 있는 용기의 크기를 줄이거나 늘릴 때 기체 상태의 물질을 구성하는 입자들의 간격을 더 좁게 하 거나 더 넓게 만들 수 있어요. 그래서 기체는 부피가 쉽게 변 할 수 있는 것이죠.

4

물질을 구성하는 입자는 운동을 할까요?

물질을 구성하는 입자는 운동을 합니다.
물질을 구성하는 입자가 운동하고 있는 증거가 무엇인지 알아봅시다.

4

네 번째 수업

물질을 구성하는 입자는 운동을 할까요?

아보가드로가 미소를 지으며
네 번째 수업을 시작했다.

스스로 움직이는 입자

  지금까지 물질의 상태에 따른 입자 배열과 물질의 상태가
변할 때 입자 배열이 어떻게 달라지는지에 관해서 공부했어
요. 여기서는 물질을 구성하는 입자에 관해 좀 더 자세한 내
용을 알아보려고 해요.
  내가 들고 있는 몇 가지 그림에 나타난 현상들의 공통점을
말해 보세요.

　먼저 빨래가 마르는 현상과 어항 속의 물의 양이 줄어드는 현상의 공통점은 무엇일까요?

　__ 모두 물이 수증기로 변하는 현상이에요.

　네, 맞아요. 두 현상에서 액체인 물이 기체인 수증기로 변하는 것을 물의 양이 줄어드는 것을 통해 쉽게 알 수 있어요.

　그렇다면 액체인 물이 기체인 수증기로 변하는 현상과 물에 떨어뜨린 잉크가 저절로 퍼지는 현상은 서로 어떤 공통점이 있을까요?

물에 떨어뜨린 잉크를 관찰하면 잉크는 물 위쪽에서 아래쪽으로 이리저리 무질서하게 움직이면서 퍼지고 있음을 알 수 있어요. 이 현상에서는 액체인 물이 기체로 변하는 것이 아니므로 앞의 두 현상의 공통점을 여기에서는 찾아볼 수 없네요. 그렇다면 좀 더 관찰해 보면서 새로운 공통점을 알아내야 할 것 같아요.

우선 처음 두 그림에서 액체가 기체로 변하는 현상 외에 다른 내용을 관찰하거나 추리할 수 있나요? 여러분은 지금까지 상태 변화를 공부하면서 왜 액체에서 기체로 상태 변화가 일어나는지 궁금하지 않았나요?

빨래가 마르는 현상과 어항의 물이 줄어드는 현상의 또 다른 공통점은 물이 저절로 수증기로 변한다는 것이에요. 그러면 잉크를 물속에 떨어뜨렸을 때 잉크가 무질서하게 저절로 퍼져나가는 현상을 관찰하고 무엇을 알 수 있나요? 바로 잉크는 물속에서 스스로 움직이면서 퍼져 나간다는 것이죠.

세 가지 현상을 상태 변화 관점에서 본다면 공통점을 찾기 어렵지만, 입자의 운동 관점에서 본다면 물질을 구성하는 입자가 스스로 운동한다는 공통점을 찾을 수 있어요.

물질을 구성하는 입자에 존재하는 두 가지 경향의 힘

액체인 물이 왜 저절로 기체인 수증기가 되는 것일까요?

물을 구성하는 입자 사이에는 입자들을 서로 묶어 주는 힘이 있어요. 그 힘이 없다면 입자들이 가까이 존재하기 어렵겠죠. 그 정도는 여러분도 이미 알고 있을 거예요.

동시에 물질을 구성하는 입자들은 주어진 조건에 따라서 어떤 형태의 운동을 하고 있어요. 진동 운동을 하기도 하고 회전 운동을 하기도 해요. 때로는 직선(병진) 운동을 하기도 하죠. 우리가 느끼는 일상생활의 조건에서는 멈춰 있는 입자들은 전혀 없다고 생각해도 좋아요.

즉, 물질을 구성하는 입자들은 서로 묶어주는 힘과 함께 따로 움직이면서 서로 멀어지려는 경향을 동시에 가지고 있어요. 그래서 어떤 힘이 더 크게 작용하는지에 따라 물질을 구

| 진동 운동 | 회전 운동 | 병진 운동 |

과학자의 비밀노트

입자들의 운동

입자들의 운동은 운동 방식에 따라 진동 운동, 회전 운동, 병진 운동으로 구분한다. 진동 운동은 입자들 사이가 늘어났다 줄어들었다 하는 방식의 운동으로 물질을 구성하는 입자들은 항상 진동 운동을 하고 있다.

고체 상태일 경우에는 진동 운동만 가능하지만, 에너지를 받아서 액체가 되면 입자들이 좀 더 활발하게 움직이면서 진동 운동과 함께 회전 운동과 병진 운동을 하게 된다. 회전 운동은 입자의 무게 중심 주위를 회전하는 운동이고, 병진 운동은 입자가 직선 방향으로 이동하는 운동을 말한다. 액체를 가열하여 기체가 되면, 역시 진동, 회전, 병진 운동을 모두할 수 있는데, 이때 입자들 사이의 인력이 거의 없기 때문에 병진 운동이 가장 활발하게 된다.

성하는 입자들의 존재 형태가 결정되죠.

그런데 물질의 안쪽에 존재하는 입자들과 가장 바깥쪽에 존재하는 입자들은 동일한 조건에서 동일한 힘의 작용을 받을까요? 그렇지 않아요.

예를 들어, 물의 안쪽에 존재하는 입자들은 모든 방향에서 다른 입자들에 의해 둘러싸여 있기 때문에 입자들 사이에 끌어 당겨 주는 힘이 강하게 작용하죠. 하지만 물의 가장 바깥쪽에 존재하는 입자들은 안쪽 입자들에게 끌리는 힘이 있지만 바깥쪽에서 그 입자들을 묶어 주는 힘이 존재하지 않기 때

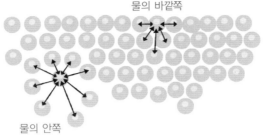

물의 바깥쪽

물의 안쪽

문에 상대적으로 약하게 묶여 있어요.

　그리고 입자들은 스스로 운동하는 성질이 있다고 했죠? 상대적으로 약하게 묶여 있는 물질의 바깥쪽의 입자들은 입자 사이를 묶어주는 힘을 끊고 떨어져 나가기도 해요. 스스로 운동하려는 힘이 입자 사이를 묶어 주는 힘보다 더 강하게 작용하는 순간 그런 현상이 발생할 수 있지요.

　이렇게 물질을 구성하는 입자들이 물질에서 떨어져 나가면 스스로 운동하면서 서로 멀리 떨어지게 되고, 또한 모든 방향으로 움직일 수 있기 때문에 전체적으로 보면 물질에서 떨어져 나간 입자들은 매우 무질서하게 움직이는 모습으로 보이게 되죠. 물론 입자들이 눈에 보인다고 가정한 경우에 그렇다는 뜻이죠. 실제로 입자들은 우리의 눈에 보이지 않기 때문에 상상의 눈으로만 볼 수 있겠죠?

아보가드로와 학생들이 다 같이 웃었다.

증발과 확산

액체 상태인 물의 가장 바깥쪽에 존재하는 입자가 떨어져 나가 기체 상태로 될 때, 그런 현상을 증발이라고 불러요. 이런 현상은 액체의 가장 위쪽 표면에서만 가능하겠죠? 그래서 증발은 액체의 표면에서 물질의 상태가 기체로 변하는 현상을 의미하는 과학 용어예요.

액체뿐만 아니라 고체 물질도 액체로 상태가 변할 때 물질의 가장 바깥쪽에서부터 상태가 변해요.

이렇게 물질의 가장 바깥쪽에 존재하는 입자들이 고체에서 액체 상태로, 액체에서 기체 상태로 상태가 변하는 현상은 모두 입자들이 스스로 운동하는 성질을 가지고 있기 때문이에요.

그래서 젖은 빨래의 물과 어항 속의 물은 외부에서 아무런 자극을 주지 않아도 기체로 변할 수 있는 것이죠.

물에 떨어뜨린 잉크가 퍼지는 현상도 물의 증발과 동일하게 설명이 가능해요.

액체 상태의 물질을 구성하는 입자들 사이에는 인력이 존재하지만 그래도 고체 상태보다는 더 약한 힘으로 입자들이 묶여 있다고 했죠? 게다가 액체 상태에서도 물질을 구성하는 입자들은 끊임없이 무질서한 운동을 하고 있어요.

물에 떨어진 잉크가 아무런 움직임 없이 그냥 물 위에 떠 있었나요? 그렇지 않죠. 정신이 없을 정도로 무질서하게 물 속으로 퍼져 나가는 현상을 관찰할 수 있어요. 그것은 바로 잉크를 구성하는 아주 작은 입자들이 계속 운동하면서 물을 구성하는 입자 사이로 무질서하게 퍼져 나가기 때문이에요.

이런 현상은 액체 상태뿐만 아니라 기체 상태에서도 발생해요. 여러분이 교실이나 마루의 넓은 실내 공간에서 친구들과 재미있는 실험을 해 보면 금방 이해할 수 있어요.

아보가드로는 학생들을 일렬로 세운 후, 모두 눈을 감으라고 지시했다. 그러고는 한쪽 구석으로 가서 살며시 향수의 뚜껑을 열었다. 아보가드로는 학생들에게 향수 냄새를 맡게 되면 눈을 뜨지 말고 조용히 손을 들라고 지시한 후, 이 모습을 동영상으로 촬영했다.

교실뿐만 아니라 가족들과 함께 집에서도 해 볼 수 있는 실험이에요. 실험 결과, 향수병과 가장 가까운 학생들이 손을 들기 시작하고 그 근처의 학생들이 차츰 손을 들기 시작하는

것을 알 수 있을 거예요.

향수는 향을 잘 증발하는 액체에 향료를 녹여 만든 화장품의 일종인데, 뚜껑을 열어 두면 향수 냄새가 주위로 잘 퍼져요. 즉, 향수 냄새를 구성하는 작은 입자들이 공기 중으로 저절로 퍼져 나가는 거예요.

잉크를 구성하는 작은 입자들이 물속으로 퍼지는 현상, 공기 중에서 향수 냄새를 구성하는 작은 입자들이 저절로 퍼져 나가는 현상을 확산이라고 불러요.

우리 주위의 증발과 확산

증발이나 확산 현상 모두 물질을 구성하는 입자들이 스스로 운동하기 때문에 나타나는 현상이에요. 우리 주위에는 물질을 구성하는 입자들의 운동으로 인해 나타나는 현상들을 많이 접할 수 있어요.

여러분이 가족들과 갈비를 먹으러 음식점을 찾아갈 때 식당 멀리서도 갈비 굽는 냄새를 맡을 수 있고, 병원에서 주사를 맞기 전에 팔등에 바르는 알코올이 금방 증발하여 코로 냄새를 맡을 수 있는 이유도 바로 물질을 구성하는 입자들이 스스로 운동하여 퍼져 나가는 현상 때문이에요.

이제 여러분은 증발과 확산 현상이 물질을 구성하는 입자들이 스스로 운동한다는 증거임을 알았어요. 그럼 증발과 확산이 잘 일어나게 하려면 어떤 방법이 있을까요? 한번 생각해 보세요.

여러분은 가끔 친구들과 방에서 놀다가 '뿡~' 하며 생리적인 실수를 한 적이 없나요? 그때 냄새를 빨리 없애려고 어떤 행동을 하죠? 아마 손을 코앞에서 내젓지 않나요? 여러분이 맡는 냄새는 공기 중에 냄새를 내는 입자들이 퍼져 오기 때문인데, 그 입자들을 다른 곳으로 더 빨리 확산하게 만들면 여러분의 코는 그 냄새를 덜 맡게 될 수 있어요. 그래서 여러분은 손을 젓는 것이에요.

여러분은 지금껏 기체 입자의 확산 현상을 모르고 있었어도 일상생활의 경험으로 어떻게 하면 기체 입자들을 더 빨리 확산시킬지 알고 있었던 것이죠. 또 어떤 경험이 있을까요?

머리가 긴 여학생들은 아침마다 머리를 빨리 말리려고 어떤 방법을 사용하죠? 드라이어로 머리를 말리거나 선풍기에 머리를 가까이 갖다 대지는 않나요? 머리를 말린다는 것은 머리에 묻어 있는 액체 상태의 물 입자를 기체 상태의 입자 배열로 바꾸는 것임을 이제는 알겠죠? 선풍기로 머리를 말리면 더 빨리 마르는 것은 코앞에 나는 나쁜 냄새를 없애려고 손을 내젓는 것과 똑같은 원리로, 머리 주변에서 물이 수증기로 증발한 입자들을 멀리 보내 머리에서 물이 더 빨리 증발하도록 만들어 주는 것이에요. 그리고 드라이어를 사용하면 선풍기보다 더 빨리 머리가 마른다는 것은 이미 경험적으로 알고 있죠? 드라이어도 선풍기처럼 바람을 일으키는 것은 비슷하지만 뜨거운 바람이 나온다는 것이 차이점이죠.

열은 온도를 올린다는 것쯤은 여러분도 알고 있을 거예요. 그렇다면 온도가 올라가면 물질을 구성하는 입자들의 운동 상태가 더 활발해질까요, 더 느려질까요?

＿ 활발해질 것 같아요. 왜냐하면 뜨거운 바람이 나오는 드라이어가 시원한 바람을 만드는 선풍기보다 머리를 더 빨리 말리니까요.

그래요. 이렇게 열은 물질을 구성하는 입자들의 운동을 더 활발하게 만든다는 것을 알 수 있어요. 그래서 요즘 공공 화장실에는 씻은 손을 빠르게 말리려고 뜨거운 바람이 나오는 손 드라이어가 설치되어 있지요.

박사님, 큰일 났어요! 경희를 담아 둔 풍선이….

애!! 이런…. 광선총을 다 고쳤는데….

이거 큰일이군요. 공기 중으로 증발한 경희의 입자들은 빠르게 확산되고 있을 거예요.

눈에 보이지 않는 입자들.

야호! 우린 이제 자유다!

자, 빨리 어디로든 가자고!

확산이요? 그게 뭔데요?

물질을 구성하는 입자들이 스스로 움직이면서 퍼져 나가는 현상이에요. 입자들은 진동, 회전, 병진 운동을 하는데, 지금 경희의 입자들처럼 기체 상태일 때는 입자들 사이의 인력이 거의 없기 때문에 가장 활발하게 운동하면서 빠른 속도로 확산되지요.

공기 중으로 확산된다면 한쪽 구석으로 몰아볼게요.

휙 휙

태풍이다!

우아!!

잘했어요, 명수 군!! 간닷!! 발사!!!

파지직

됐다!! 경희의 몸이 돌아왔어!! 헌데….

힝… 박사님….

이럴 수가!!! 이게 어찌된 일이야??

우린 아직 여기 있지롱!!

물질의 **상태**가 변할 때 **에너지**는 어떻게 달라질까요?

물질은 상태가 변할 때 물질의 에너지가 변합니다.
물질의 상태가 변할 때 에너지가 어떻게 달라지는지 알아봅시다.

다섯 번째 수업

물질의 상태가 변할 때 에너지는 어떻게 달라 질까요?

아보가드로가 부채질을 하며
다섯 번째 수업을 시작했다.

상태 변화에서 열에너지를 흡수하는 경우

여름철에 수영을 하다가 밖으로 나오면 물기가 마르면서
시원하다는 느낌을 받을 거예요. 왜 물기가 마를 때 시원한
느낌이 들까요?

물질의 상태를 고체에서 액체로, 액체에서 기체로, 그리고
고체에서 기체로 변하게 하려면 열에너지가 필요해요. 왜 열
에너지가 필요한지 물질의 입자 배열을 이용하여 알아볼까
요?

먼저 액체에서 기체로 변하는 상태 변화인 기화에 관해서 설명하겠어요.

샤워하고 나온 뒤 몸에 남아 있는 물이 마르는 동안 어떤 기분이 드나요? 시원한가요, 아니면 덥다는 느낌이 드나요? 여름보다는 겨울에 경험하면 더 잘 알 수 있죠. 아마 몸에 묻은 물이 마르는 동안 춥다는 느낌을 받을 거예요. 또 얼굴에 물을 묻히고 선풍기 바람을 맞으면 시원해지는 느낌을 더 쉽게 느끼죠. 그러면 몸에 묻은 물이 마르는 동안 왜 시원한 느낌이 들까요?

그 이유는 몸에 묻어 있는 물이 기체 상태로 증발하면서 우리 몸에서 열을 뺏어가기 때문이에요. 선풍기를 틀어주면 물이 더 빠르게 증발하면서 우리 몸은 더 빠르게 열을 빼앗기기 때문에 더 시원해지는 것이죠.

아보가드로는 마치 얼굴 앞에 선풍기를 틀어 놓은 것처럼 얼굴을 향하여 힘차게 부채질을 했다. 그 모습이 웃기게 보였는지 학생들은 여기저기서 키득거렸다.

기화 현상은 우리 몸의 체온을 조절하기 위해 매우 중요한 현상임을 알고 있나요?

우리 인간의 몸은 일정한 체온을 유지해야만 생명을 유지할 수 있는 항온 동물이에요. 그래서 급격한 운동이나 더운 날씨로 몸의 체온이 올라가는 경우에는 땀을 흘려 증발시키면서 피부의 온도를 떨어뜨려 체온을 유지시키죠.

땀이 가끔은 성가시다는 생각을 갖기도 하겠지만 땀을 흘리는 것이 생명 유지에 매우 중요한 현상임을 잊지 마세요.

다음으로 고체에서 액체로 변하는 상태 변화인 융해에 관해서 설명하겠어요.

냉동실에서 꺼낸 얼음을 접시 위에 두면 어떻게 될까요?

__ 녹아서 물이 돼요.

그렇다면 접시 위의 얼음이 더운 여름철과 추운 겨울철 중 언제 더 빨리 녹을까요? 다시 말해서 어떻게 하면 더 빨리 얼음이 녹을까요?

__ 더운 여름날에 얼음이 더 빨리 녹아요.

__ 온도가 높을수록 얼음이 더 빨리 녹아요.

여러분은 경험적으로 더운 여름철에 꺼내 둔 얼음이 더 빨리 녹을 것이라는 것을 알고 있어요. 그렇다면 여름철에는 겨울철보다 왜 얼음이 더 빨리 녹을까요? 그것은 주변의 온도가 더 높기 때문이에요.

얼음이 녹는다는 것은 고체에서 액체로 상태가 변한다는

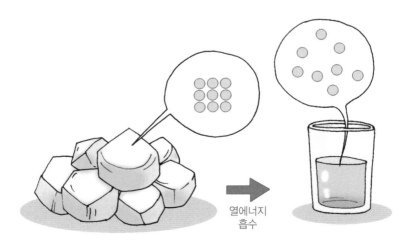

열에너지
흡수

것이죠. 이렇게 고체에서 액체로 상태가 변할 때는 물질을 구성하는 입자 배열이 어떻게 바뀌죠?

고체 상태는 물질을 구성하는 입자들이 서로 강한 힘으로 끌어당기고 있는 상태이기 때문에, 입자 간의 인력이 상대적으로 약한 액체 상태로 만들기 위해서는 고체를 구성하는 입자들 사이의 인력을 이겨 낼 열에너지를 제공해 주어야 해요. 여름철의 높은 기온은 바로 얼음이 더 잘 녹을 수 있는 열에너지를 공급하는 역할을 하는 것이에요.

마지막으로 고체에서 기체로 변하는 상태 변화인 승화에 관해서 설명하겠어요.

드라이아이스는 고체에서 기체 상태로 변하는 현상을 우리 주변에서 가장 관찰하기 좋은 소재죠. 드라이아이스는 이산화탄소 기체를 고체 상태로 만들어 놓은 것인데, 실온에 두면 금방 기체 이산화탄소로 바뀌어 버린답니다. 방금 여러분이 배운 지식을 활용해서 어떤 상태의 드라이아이스가 더 빨리 승화하는지 예상해 볼래요?

아보가드로는 두 개의 페트리 접시에 드라이아이스 한 조각씩을 올려놓았다. 그리고 더운물과 찬물이 든 투명 수조에 페트리 접시를 각각 넣었다.

　__ 더운물에 넣은 드라이아이스가 더 빨리 승화할 것 같아요.

　맞아요. 더운 여름철에 얼음이 더 빨리 녹는 현상과 같은 원리이지요.

　고체 상태에서는 물질을 구성하는 입자 사이에 서로를 끌어당기는 힘이 매우 강하지만 기체 상태에서는 입자들 사이에 서로 끌어당기는 힘이 거의 존재하지 않아 입자들이 매우 무질서하게 움직이는 상태이지요. 그래서 고체 상태를 기체 상태로 만들기 위해서는 규칙적으로 배열된 입자들 사이에 존재하는 힘을 끊어 줄 열에너지가 공급되어야 해요.

　만약 위의 실험을 더 낮은 온도에서 실시했다면 드라이아이스가 없어지는 데까지 걸리는 시간은 더 오래 걸리겠죠.

상태 변화에서 열에너지를 방출하는 경우

먼저 액체에서 고체로 변하는 상태 변화인 응고에 관해 설명하겠어요.

액체 상태가 고체 상태로 변할 때는 열에너지를 내놓게 돼요. 예를 들어 액체 상태의 물이 고체 상태의 얼음이 될 때는 낮은 온도의 환경이 필요해요.

일반적으로 열은 높은 온도에서 낮은 온도로 이동하는 성질이 있는데, 액체 상태의 물을 낮은 온도의 냉동실에 넣어 두면 열에너지는 높은 온도의 물에서 낮은 온도의 냉동실 주위로 이동하게 돼요.

즉, 액체 상태의 물은 열에너지를 주위에 내놓고 얼음으로 변하죠. 이런 현상은 고체가 액체로 변하는 융해에서 열에너지가 필요했던 것과는 반대 현상이에요.

다음으로 기체에서 액체로 변하는 상태 변화인 액화에 관해서 설명하겠어요.

액화는 기체 상태의 물질이 액체 상태로 변하는 현상을 말해요. 액체 상태의 물이 기체 상태의 수증기로 변할 때는 열에너지가 필요했지만 이번에는 열에너지를 외부로 방출하게 돼요.

차가운 음료수가 든 컵을 실온에 두면 어떻게 되나요?

__ 컵의 바깥에 물방울이 송골송골 맺혀요.

왜 그럴까요? 차가운 음료수로 인해 유리컵은 공기의 온도에 비해 차가운 상태이죠. 그래서 높은 온도를 가지는 공기 중의 수증기가 차가운 컵 표면에 닿으면서 열에너지를 빼앗기고 액체의 물방울로 변하게 되는 거죠.

마지막으로 기체에서 고체로 변하는 상태 변화인 승화에 관해서 설명하겠어요.

고체에서 기체로 상태 변화하는 현상과 기체에서 고체로

상태 변화하는 현상을 모두 무엇이라고 한다고요?

__ 승화 현상이요.

그렇지요. 그럼 고체에서 기체로 상태 변화할 때는 열에너지를 흡수했으니, 기체에서 고체로 상태 변화할 때는 열에너지를 내놓겠지요?

기체에서 고체로 상태 변화하는 현상은 추운 겨울날에 창문이나 나무 위에 생기는 서리가 좋은 예지요. 겨울철 창문에 서리가 생기는 이유는 방 안의 따뜻한 공기 중에 있던 수

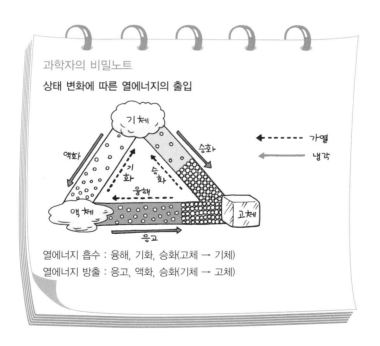

과학자의 비밀노트

상태 변화에 따른 열에너지의 출입

열에너지 흡수 : 융해, 기화, 승화(고체 → 기체)
열에너지 방출 : 응고, 액화, 승화(기체 → 고체)

증기가 차가운 창문과 만나면서 열에너지를 잃고 바로 얼음
으로 변하기 때문이에요.

상태 변화 과정에서의 온도의 변화

상태 변화는 물질을 구성하는 입자들의 배열이 바뀌는 과
정이에요. 입자들의 거리가 서로 멀리 떨어질 때는 열에너지
를 흡수하고, 입자들의 거리가 서로 가까워질 때는 열에너지
를 내놓지요. 그렇다면 액체인 물이 고체인 얼음으로 얼 때
는 열에너지를 내놓는데, 그때 온도는 어떻게 변할까요?

실온에서 실험을 간단히 하기 위해 양초를 녹인 액체 양초
에 온도계를 꽂아 온도가 어떻게 변하는지 관찰해 볼 수 있어
요. 내가 예상되는 실험 결과를 그래프로 그려봤는데, 과연
어떤 결과가 얻어질까요?

아보가드로는 칠판에 두 그래프를 그리고 나서 학생들의 반응을 살
폈다.

__ 액체 양초가 고체 양초로 되면서 온도가 서서히 내려가

니까 (B)그래프가 얻어질 거예요.

__ (A)그래프는 중간에 평평한 구간이 있어서 이상해요.

액체가 고체로 될 때는 열에너지를 내놓는다고 배웠기 때문에 (B)그래프를 예상하겠지만 실제로 (A)그래프가 얻어져요. (A)그래프처럼 나타나는 이유를 설명해 줄게요.

처음에는 시간이 경과함에 따라 뜨거운 액체 양초가 공기 중으로 열에너지를 내놓으면서 온도가 낮은 액체 양초로 변하겠죠. 하지만 상태는 계속 액체를 유지하고 있어요. 그러다가 어느 순간에 액체 양초가 고체 양초로 상태 변화하기 시작해요.

그런데 여러분이 알다시피 액체가 고체로 될 때는 열에너지를 외부로 방출하죠. 이 실험에서 액체 양초는 공기 중으로 열에너지를 계속 잃으면서 온도가 낮아지고 있었는데, 액체 양초가 고체로 상태 변화하기 시작하면 열에너지를 방출하여 양초의 온도가 낮아지지 못하도록 만들어요.

그래서 액체 양초가 고체 양초로 완전히 상태 변화할 때까지 온도는 계속 일정하게 유지하다가 완전히 고체 양초가 만들어지면 다시 온도가 떨어지기 시작하죠.

이 현상은 양초에만 나타나는 현상이 아니에요. 다른 물질로 실험해도 동일하게 나타나는 현상이에요. 이처럼 액체 물질의 열에너지를 제거해도 더 이상 온도가 낮아지지 않고 온도가 일정한 구간이 존재하는데, 이 온도를 물질의 어는점이라고 불러요. 어는점은 물질의 상태가 액체에서 고체로 변하는 온도를 말해요.

반대로 고체를 액체로 만드는 실험에서도 동일한 원리와 현상이 나타나요. 냉동실에서 바로 꺼낸 얼음이 물로 변한 뒤 다시 끓을 때까지 서서히 가열하는 실험을 해 보겠어요.

아보가드로는 비커에 얼음을 가득 담고 온도계를 꽂았다. 그리고 알코올 램프로 약하게 가열하면서 온도를 읽어 나갔다. 일정한 시간 간격으로 온도를 읽기 위해 학생들에게 일정한 간격으로 시간을 불러 달라고 했다. 잠시 후 얼음이 다 녹아 물이 되고 끓기 시작했다. 아보가드로는 계속 온도를 읽었다.

실험 결과, 여러분은 다음과 같은 그래프를 얻을 거예요.

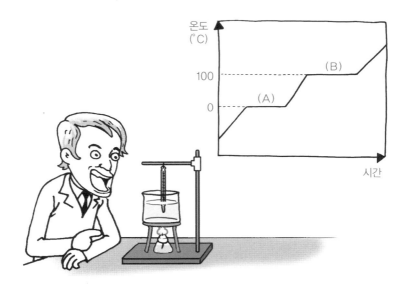

이 그래프에서 보면 수평한 부분이 두 군데 나타나요. (A) 부분은 고체인 얼음이 액체인 물로 변하는 온도 구간이고, (B)부분은 액체인 물이 기체인 수증기로 변하는 온도 구간이에요.

얼음의 처음 온도는 0℃보다 낮지만 가열하기 시작하면 열에너지를 공급받기 때문에 온도가 서서히 올라가기 시작해요. 그런데 (A)부분에 도달하면 외부에서 제공해 준 열에너지가 고체인 얼음이 액체로 상태 변화하는데 사용되기 때문에 물의 온도를 높이는데 사용되지 못해요.

그래서 온도가 일정한 구간이 나타나죠. 이 점을 녹는점이라고 불러요. 녹는점은 물질의 상태가 고체에서 액체로 변하는 온도를 말해요. 실제로 어는점과 동일한 온도에 해당하죠.

얼음이 물로 완전히 변하게 되면 더 이상 상태 변화에 열에너지가 이용되지 않기 때문에 외부에서 제공한 열에너지는 다시 물의 온도를 높이는 데 사용되죠.

그러다가 그래프의 (B)부분에 도달하면 액체 상태인 물이 기체 상태로 상태 변화하기 시작해요. 여러분이 알다시피 액체에서 기체로 상태 변화할 때는 열에너지가 필요하기 때문에 외부에서 제공하는 열에너지는 모두 상태 변화에 쓰이기 시작하죠.

그래서 물이 모두 기체인 수증기로 변하기 전까지는 온도가 일정하게 유지되며, 이 온도를 끓는점이라고 해요. 끓는점은 물질의 상태가 액체에서 기체로 변하는 온도를 말해요.

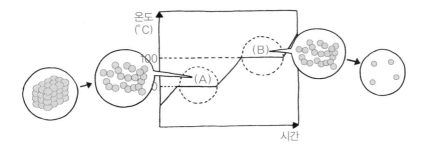

열에너지와 입자들의 운동

이번에는 상태 변화와 물질을 구성하는 입자들의 운동이 어떤 관계에 있는지 알아보겠어요.

고체, 액체, 기체 사이의 상태 변화에서 물질을 구성하는 입자들의 배열이 달라짐을 여러분은 알고 있어요. 고체는 입자들 사이의 간격이 매우 가깝고 서로 강하게 끌어당기고 있어요. 액체는 입자들 사이의 간격이 고체 상태의 경우보다 좀 더 멀고 서로를 끌어당기는 힘이 고체의 경우보다 상대적으로 작죠. 마지막으로 기체는 입자들 사이의 간격이 세 상태 중에서 가장 멀고 서로 끌어당기는 힘도 거의 작용하지 않죠.

그렇다면 상태가 변할 때 물질을 구성하는 입자들의 배열

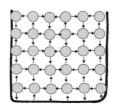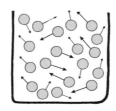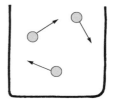

상태가 달라지는 이유가 무엇일까요?

물질의 상태에 따라 입자 배열이 다른 것은 입자들이 서로를 끌어당기는 힘에 차이가 나기 때문이죠. 또한 입자들이 서로를 끌어당기는 힘에 차이가 나는 이유는 입자들이 운동하는 정도가 물질의 상태에 따라 다르기 때문이에요.

물질의 상태는 일반적으로 온도와 관계가 있는데, 온도가 낮을수록 고체 상태, 온도가 높을수록 기체 상태를 가져요.

온도를 높이기 위해서는 주위에서 열에너지를 공급해야 하므로 물질의 상태가 고체에서 액체를 거쳐 기체 상태로 변할수록 주위에서 공급받은 열에너지만큼 물질을 구성하는 입자들의 운동 상태가 더 활발해질 것이라고 추론할 수 있어요.

다음은 물질의 상태에 따라 입자들의 운동 정도가 어떻게 다른지 알아보기 위한 간단한 모형이에요. 이 모형을 들고 좌우로 흔들면서 각 모형들 속의 구슬의 움직임을 관찰해 보

세요. 그리고 구슬의 운동 상태와 물질의 상태를 연결지어
보세요.

　각 모형에서 구슬의 운동 상태는 어떻게 다르죠?

　구슬이 꽉 찬 그릇에서는 구슬이 거의 움직이지 못하는 것
을 볼 수 있는데, 이 상태는 고체 상태에 해당해요. 고체 상
태는 물질을 구성하는 입자들이 조밀하게 배열되어 있고 서
로 강하게 끌어당기고 있는 상태라 외부의 자극을 받아도 입
자들의 움직임이 매우 적어요.

　반면에 구슬이 약간 적은 그릇에서는 구슬이 어느 정도 자
유롭게 움직일 수 있어요. 그래도 여전히 그릇 내에 구슬이
많기 때문에 움직이는 공간은 어느 정도 제약이 있죠.

　마지막으로 구슬이 몇 개 들어 있지 않은 그릇에서는 공간
의 크기에 비해 구슬이 거의 없기 때문에 구슬은 공간 내를
자유롭게 운동할 수 있어요. 이 상태는 기체에 해당해요.

이렇게 물질의 상태가 고체, 액체, 기체로 변할수록 물질을 구성하는 입자들의 운동은 점점 활발해져요.

　고체 양초를 가열하여 액체 양초가 되는 변화, 얼음이 액체인 물이 되는 변화, 그리고 액체인 물이 기화하여 수증기가 되는 변화, 고체 이산화탄소인 드라이아이스가 기체 이산화탄소로 승화하는 변화 등 이 모든 과정에서 물질을 구성하는 입자들의 운동은 더 활발해지죠. 입자들의 운동 상태의 차이는 입자 배열의 차이를 가져와 물질의 상태가 달라지도록 만드는 셈이죠.

　반대로 물질의 상태가 기체, 액체, 고체로 변할수록 물질을 구성하는 입자들의 운동은 점점 느려져요.

　수증기가 액체인 물로 변했다가 다시 고체인 얼음으로 변하는 과정이나 액체 양초가 고체 양초로 변하는 과정 모두 물질을 구성하는 입자들의 배열이 점점 가까워지는 변화이지요.

　이러한 상태 변화는 물질을 구성하는 입자들의 운동이 점점 느려지면서 나타나는 현상이에요. 입자들의 운동이 느려지면 입자들 사이에 끌어당기는 힘이 상대적으로 커져 입자 배열이 더 규칙적으로 변하게 되는 것이죠.

6

물질은 무엇으로 **구성**되어 있을까요?

물질은 분자로 구성되어 있습니다.
물질을 구성하는 입자가 어떻게 발견되어 왔는지 알아봅시다.

6

물질은 무엇으로 구성되어 있을까요?

아보가드로가 학생들을 한 번 둘러보고 마지막 수업을 시작했다.

　지금까지 물질을 구성하는 입자들의 배열과 이것이 입자들의 운동 상태와 어떤 관련이 있는지 알아보았어요. 실제로 물질을 구성하는 입자들은 분자에 해당하지만 지금까지의 수업에서 분자라는 용어를 사용하지는 않았어요. 분자는 단순히 물질을 구성하는 입자의 의미 말고도 물질의 성질을 결정하는 중요한 의미를 가지고 있어요.

　물질의 상태에 관한 과학의 역사에서도 처음에는 우리가 지금까지 수업한 것처럼 단순히 입자의 의미로만 받아들여졌기 때문에 일부러 분자라는 용어를 사용하지 않았어요. 하지만 그 입자는 분자에 해당하지요.

지금부터는 분자라는 용어를 사용하여 분자의 존재가 어떻게 발견되어 왔는지 알아보고, 지금까지 얘기한 입자의 성질을 분자와 연결해 보겠어요.

물질의 구성 입자에 대한 막연한 추측의 시대

고대 그리스의 아리스토텔레스(Aristoteles, B.C.384~B.C.322)는 불, 공기, 흙, 물이 이 세상 만물을 구성하는 4원소라고 주장하면서 모든 물질은 네 가지 원소가 조합되어 만들어진다고 하였어요. 오랫동안 사람들은 그의 주장을 믿었지요.

그리고 데모크리토스(Demokritos, B.C. 460?~B.C. 370?)는 물질을 잘게 쪼개다 보면 더 이상 쪼개지지 않는 아주 작은 입자가 만들어질 것이라고 예상하고 그 물질을 원자라고 불렀어요. 하지만 많은 사람들은 아리스토텔레스의 생각을 주로 믿었고 결국 연금술을 통하여 값싼 금속을 금으로 바꿀 수 있다고 믿게 되었지요. 지금으로서는 말도 안 되는 비과학적 방법이었지만, 그 당시에는 과학적 방법이라고 믿었던

것이죠.

   그런 중에도 데모크리토스의 생각을 이어받아 물질은 눈에 보이지 않는 아주 작은 입자로 구성되어 있을 것이라는 막연한 상상을 실제로 밝히기 위한 노력이 있었어요. 지금부터 원자가 물질의 구성 입자라는 사실을 알아내기까지의 과학 사적인 사건들을 소개하겠어요.

원자설의 기초가 되는 몇 가지 법칙

   원자가 물질을 구성하는 가장 작은 입자임을 체계적으로

정립하여 최초로 주장한 과학자는 돌턴(John Dalton, 1766 ~1844)이에요. 돌턴의 원자설은 몇 가지 법칙에 토대를 두고 있어요.

먼저 18세기 말, 라부아지에(Antoine Lavoisier, 1743~ 1794)가 발견한 질량 보존의 법칙이 있어요. 사과 한 개를 두 조각으로 잘라 놓아도 전체적인 질량은 달라지지 않는다는 지극히 당연한 사실을 왜 법칙으로 만들었는지 궁금할 거예요. 하지만 몇 가지 화학 반응에서는 질량이 보존된다는 사실을 받아들이기 어려울 수 있어요.

나무나 종이가 타는 현상을 본 적이 있나요? 나무를 태우면 질량이 어떻게 변할까요? 나무가 타면 재로 변하기 때문에 아마도 질량이 감소할 것이라고 예상할 것 같은데, 혹시 그런가요? 또 다른 예로 철이 녹슬면 질량이 어떻게 변할까요? 철 표면에 붉은 녹이 생기므로 그만큼 질량이 증가할 것이라고 생각하나요?

실제로 저울 위에서 나무를 연소시키면, 연소하면서 질량이 점점 감소해요. 그리고 철을 녹슬게 하면 질량이 점점 증가한답니다. 그래서 예전에는 화학 반응 전후에 질량이 보존되지 않는다고 생각했어요. 하지만 화학 반응에서 질량을 측정할 때는 반응하는 모든 물질과 생성되는 모든 물질을 고려

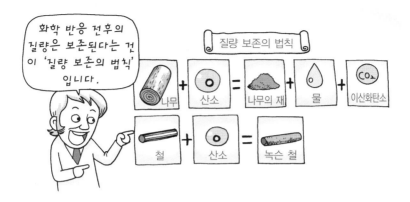

해야 한다는 사실을 놓친 거죠.

라부아지에는 나무의 연소 반응에서 반응하는 나무와 공기 중의 산소까지 모두 더해서 질량을 측정하고, 생성되는 나무의 재, 물, 이산화탄소 등 모든 생성물을 더해서 질량을 측정했더니 반응 전후의 질량이 같다는 것을 알았어요.

철이 녹스는 반응도 마찬가지에요. 철이 녹스는 현상은 철이 공기 중의 산소와 반응하는 것인데, 반응 전의 철과 공기 중의 산소의 질량을 더하면 실제로 붉게 녹슨 철의 질량과 같아요.

즉, 어떠한 화학 반응에서도 화학 변화 전후에 반응물과 생성물을 구성하는 원자가 생성되거나 소멸되지 않기 때문에 반응 전후의 질량은 보존된다는 사실이 질량 보존의 법칙이에요.

질량 보존의 법칙이 발표된 때와 비슷한 시기에 프루스트 (Joseph Proust, 1754~1826)는 한 화합물을 구성하는 원소의 비율은 항상 동일하다는 규칙을 발견했어요. 이 법칙도 당연하다고 여러분은 생각할 수 있겠지만, 원소의 존재에 대하여 별로 알려져 있지 않은 시기에 이런 법칙을 발견했다는 사실은 정말 대단한 거죠.

이 법칙의 발견 이전에는 물을 합성할 때 산소와 수소를 넣어 주는 양에 따라 물을 구성하는 산소와 수소의 비율이 다르다고 생각했어요. 하지만 산소와 수소를 어떤 비율로 혼합하더라도 물 분자는 산소 원자 1개와 수소 원자 2개로 구성되어 있죠.

프루스트가 발견한 일정 성분비의 법칙 덕분에 사람들은 특정 화합물이 언제, 어떤 상태로 존재하든지 동일한 성분비

를 가진다는 사실을 믿게 되었어요.

원자, 물질을 구성하는 최소 입자

돌턴은 앞에서 언급한 여러 가지 법칙들을 종합하여 돌턴의 원자설이라는 이름으로 몇 가지 규칙을 제안했는데, 그 내용은 다음과 같아요.

첫째, 모든 물체는 더 이상 쪼개지지 않는 원자라는 입자로 구성되어 있습니다. 모든 물체는 원자로 불리는 아주 작은 입자로 구성되어 있는데, 그 원자는 절대로 쪼개지지 않는다는 뜻이에요.

둘째, 한 원소를 구성하는 원자는 같은 원자들입니다. 예를 들어 산소, 수소 등의 원소는 원자설의 첫 번째 규칙에서 밝혔듯이 각각의 원자로 구성되어 있으며, 그 원자들은 모두 같은 원자들이라는 뜻이에요. 즉, 한 원소를 구성하는 원자들은 크기나 모양이 모두 똑같다는 것이에요.

셋째, 서로 다른 원소의 원자들은 서로 다른 성질을 가지고 있습니다. 우리가 산소, 수소 등으로 원소를 구분하는 이유는 성질이 다르기 때문이에요. 즉, 같은 종류의 원소들은 같은 성질의 원자들로 구성되어 있고, 다른 종류의 원소들은 구성하는 원자들이 서로 성질이 다르다는 뜻이죠.

넷째, 원자들은 화학 반응에서 생성되거나 소멸되지 않습니다. 화학 반응이 일어나면 어떤 물질은 없어지고 새로운 물질이 생성되죠. 그때 반응 물질을 구성하던 원자들은 소멸되거나 생성되지 않아요. 화학 반응이 일어나면 원자들은 단지 재배열만 일어난다는 의미예요.

다섯째, 서로 다른 원소의 원자들은 정수비로 화합물을 만듭니다. 한 종류의 화합물은 여러 종류의 원소들로 구성되어 있어요. 이때 화합물을 구성하는 원소의 원자들은 1:2나 2:3

처럼 간단한 정수비로 결합하며, 1:1.3 등의 정수가 아닌 비율로 결합하지 않는다는 뜻이에요.

돌턴의 원자설 중 일부는 사실이 아니라는 것이 현재 밝혀졌지만 그동안 발견된 여러 법칙들을 체계적으로 종합하였다는 의미를 가져요.

과학자의 비밀노트

돌턴의 원자설 이후 확장된 개념

• 원자는 더 이상 쪼개지지 않는다. : 돌턴은 모든 물체는 더 이상 쪼개지지 않는 원자로 구성되어 있으며, 화학 반응에서 새로 생성되거나 소멸되지 않는다고 하였다. 실제로 화학 반응에서는 원자가 새로 생성되거나 소멸되지는 않지만 현대 과학에서는 핵반응을 통하여 원자를 더 작은 입자로 쪼갤 수 있다. 단, 핵반응은 화학 반응과는 구분된다는 점을 명심해야 한다.

• 같은 원소의 원자들은 같은 성질을 가진다. : 돌턴은 원소의 종류가 다르면 원자가 다르다고 주장했다. 이 주장은 원소의 종류가 같으면 구성하는 원자가 같다는 말로 해석하기도 하는데, 이 말은 어떤 상황에서 옳지 않게 해석되기도 한다. 왜냐하면 돌턴 이후 같은 종류의 원소이지만 원자의 질량이 다른 원자가 발견되었기 때문이다. 이렇게 원소의 종류가 같아도 원자의 질량이 다른 원소를 동위 원소라고 부른다. 예를 들어, 수소는 질량이 다른 동위 원소가 세 종류 존재한다.

기체 반응의 법칙과 분자 개념의 등장

기체 반응의 법칙은 반응물과 생성물이 기체일 때 반응 기체와 생성 기체 사이에 일정한 부피비가 존재한다는 법칙이에요. 이 법칙이 어떤 의미를 가지는지 설명하겠어요.

화학 반응에 관여하는 기체 반응물과 기체 생성물의 부피비를 알고 있다고 가정해 볼게요. 그럴 경우, 기체 반응물의 부피가 주어지면 기체 생성물의 부피를 예상할 수 있어요. 그리고 기체 생성물을 특정 부피만큼 얻고 싶을 때 기체 반응물이 얼마나 필요한지 계산하는데 도움을 줄 수도 있어요.

게이뤼삭(Joseph Gay-Lussac, 1778~1850)이 기체 반응의 법칙을 발견한 1808년 당시에는 기체가 분자의 형태로 존재한다는 사실을 모르고 있었어요. 그 대신 물질은 원자의 형태로 존재한다고 믿고 있었지요. 물론 나도 처음에는 물질은 원자의 형태로 구성되어 있다고 믿고 게이뤼삭의 기체 반응의 법칙을 여러 기체들의 반응에 적용해 보려고 했어요.

그런데 수소 기체와 산소 기체가 반응하여 수증기가 만들어지는 반응을 설명하는 과정에서 돌턴의 원자설로는 설명이 되지 않는 부분이 있다는 것을 알았어요. 수소와 산소가 반응하여 수증기를 생성하는 반응에서 게이뤼삭이 발견한

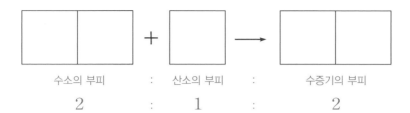

<table>
<tr><td>수소의 부피</td><td>:</td><td>산소의 부피</td><td>:</td><td>수증기의 부피</td></tr>
<tr><td>2</td><td>:</td><td>1</td><td>:</td><td>2</td></tr>
</table>

부피비는 수소 : 산소 : 수증기＝2:1:2이었어요.

기체 반응의 법칙을 설명하기 위해 나는 다음과 같은 가설을 세웠어요.

기체는 고체나 액체보다 구성하는 입자 사이의 거리가 매우 멀기 때문에 물질을 구성하는 입자의 크기는 부피에 영향을 주지 않아요. 그래서 온도와 압력이 일정하면 같은 부피 안에는 같은 수의 입자가 존재한다는 가설을 세웠어요. 이 가설을 이용하여 기체 반응의 법칙을 설명하기 위해 각 단위 부피 안에 한 개의 원자가 채워진다고 가정하면 다음 그림처럼 나타낼 수 있어요.

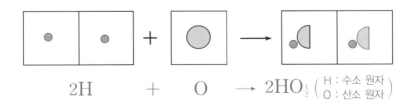

$$2H \quad + \quad O \quad \rightarrow \quad 2HO_{\frac{1}{2}} \quad \left(\begin{array}{l} \text{H : 수소 원자} \\ \text{O : 산소 원자} \end{array} \right)$$

이때 산소 1부피가 반응하여 수증기 2부피를 생성하려면 산소 원자가 쪼개져야만 해요. 이것은 돌턴의 원자설에 위배되는 설명이죠.

그래서 나는 단위 부피 안에 존재하는 입자를 원자 두 개가 붙어 있는 모형이라고 생각했어요. 그렇게 되면 기체 반응의 법칙을 설명하기 위해 돌턴의 원자설에 위배되는 일은 발생하지 않지요.

이렇게 하여 물질을 구성하는 최소 입자는 원자의 형태로 존재하는 것이 아니라 원자 몇 개가 붙어 있는 형태인 분자의 형태로 존재한다는 것을 알게 되었어요. 그러니까 분자의 개념이 나의 연구 덕분에 최초로 탄생하게 된 거죠.

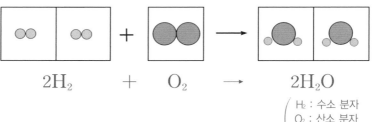

$$2H_2 \quad + \quad O_2 \quad \longrightarrow \quad 2H_2O$$

H_2 : 수소 분자
O_2 : 산소 분자
H_2O : 물 분자

물질의 성질을 간직한 최소 입자

내가 기체 반응의 법칙을 모형으로 설명하는 과정에서 돌턴의 원자설을 위배하지 않고 설명하기 위해 분자의 개념을 제안했어요. 여러분은 이제 물질은 원자의 형태가 아닌 분자의 형태로 존재한다는 것을 알게 되었어요. 그럼 분자는 물질의 성질과 어떤 관계가 있을까요?

앞에서 내가 여러분에게 수소 기체와 산소 기체가 반응하여 수증기가 만들어지는 반응을 설명할 때 수소 분자, 산소 분자, 물 분자를 모형으로 제시했던 것 기억하죠? 수소 분자는 수소 원자 두 개로 이루어져 있고, 산소 분자는 산소 원자 두 개로 이루어져 있어요. 그리고 물 분자는 산소 원자 한 개와 수소 원자 두 개로 이루어져 있지요.

물질마다 그 물질을 구성하는 분자의 종류가 달라요. 물질마다 각 물질의 독특한 성질들이 있는데, 그런 성질의 차이는 결국 분자의 종류가 다르기 때문에 나타나는 것이에요.

따라서 분자는 그 물질의 성질을 간직한 최소 입자라고 말할 수 있어요. 만약 물 분자를 더 나누면 어떻게 되겠어요? 산소 원자 한 개와 수소 원자 두 개로 나누어질 텐데, 그것을 물 분자라고 할 수 있나요? 할 수 없지요.

분자가 원자로 나누어지면 더 이상 물질의 성질을 간직하지 않아요. 물질은 돌턴이 말했듯이 원자로 이루어져 있지만 물질의 성질을 간직한 최소 입자는 분자라고 해야 하고, 물질의 성질을 가지지 않지만 물질을 구성하는 최소 단위의 입자는 원자라고 구분해서 이해해야 해요.

물질을 구별해 주는 입자

여러분이 알고 있는 물질의 성질에는 어떤 것이 있나요?

냄새, 색깔, 녹는점, 끓는점, 밀도, 질량, 부피 등 많은 것들이 있을 거예요. 먼저 이 성질들 중에 관찰자의 주관적인 판단에 따라 변하지 않으며 측정할 수 있는 값들은 어떤 것들이죠?

__ 녹는점, 끓는점, 밀도, 질량, 부피예요.

네, 맞아요. 냄새와 색깔은 관찰자의 주관에 따라 관찰 정도가 달라져요. 하지만 녹는점, 끓는점, 밀도, 질량, 부피는 관찰자의 주관에 따라 달라지지 않고 측정 도구를 이용하여 정확하게 측정할 수 있는 성질들이죠.

이번에는 이 성질들을 양에 따라 변하는 것과 변하지 않는 것으로 분류해 볼까요?

　＿ 양에 따라 변하는 성질에는 질량, 부피가 있어요.

　＿ 양에 따라 변하지 않는 성질에는 녹는점, 끓는점, 밀도가 있지요.

　질량과 부피는 양에 따라 늘어나기도 하고 감소하기도 하죠. 이런 성질을 크기 성질이라고 불러요. 하지만 녹는점과 끓는점, 밀도 등은 양이 아무리 달라져도 변하지 않는 성질들이에요. 이러한 성질을 세기 성질이라고 불러요.

　그럼 간단하게 물의 끓는점을 이용해서 확인해 볼까요? 자, 여기 50g의 물과 100g의 물을 준비했어요.

　이 물을 각각 동일한 열을 내는 가열 장치로 가열하면서 온도 변화를 측정하면 결과가 어떻게 나타날까요? 내가 제시한 그래프 중에서 한번 찾아보세요.

　두 가지 모두 똑같은 물이기 때문에 끓는점이 같게 나타날

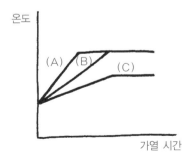

거예요. 하지만 질량이 다르므로 질량이 더 작은 50g의 물이 더 금방 끓어 (A)그래프처럼 나타나죠. 그리고 질량이 더 많은 100g의 물은 (B)그래프처럼 나타나게 되죠. 어떤 액체를 사용하여 끓이더라도 그 액체의 끓는점은 항상 일정하게 나타나기 때문에 끓는점으로 물질을 구분하는 데 사용하기도 한답니다.

끓는점과 마찬가지로 녹는점, 밀도는 물질의 특성으로서 그 물질이 변하지 않는다면 물질의 양과 상관없이 항상 같은 값이 나타나요.

자, 그럼 이번에는 책상 위에 물과 알코올을 한 방울씩 떨어뜨려 보죠. 어떤 것이 더 먼저 증발하는지 관찰해 보면, 알코올이 더 먼저 증발하는 것을 관찰할 수 있어요. 그것은 알코올을 구성하는 분자들이 물에 비해서 액체 상태에서 기체 상태로 더 잘 변하기 때문이죠.

고체나 액체 분자들은 서로 당기는 힘이 강해서 분자들이 서로 가까운 거리에 존재한답니다. 하지만 분자들의 종류가 다르다면 서로 당기는 힘이 같지 않아요. 그래서 액체의 종류가 달라지면 기체로 변하는데 필요한 에너지가 달라지죠.

끓는점은 액체가 기체로 상태 변화하는 온도랍니다. 상태 변화하는데 필요한 에너지가 액체의 종류마다 다르다면 끓는점도 액체의 종류마다 다르겠죠? 어떤 액체는 끓는점이 매우 비슷해 구분하기 어려운 경우도 있지만 정밀하게 조사하면 끓는점이 모두 다를 거예요. 그래서 액체의 종류를 구별하거나 어떤 액체인지 확인할 때 끓는점을 사용할 수 있죠.

끓는점과 마찬가지로 녹는점, 밀도도 물질의 특성으로 그 물질인지 확인하는 용도로 사용하거나 물질과 물질을 서로 구별하여 혼합물을 분리할 때 사용할 수 있어요. 녹는점은 고체가 액체로 상태 변화하는 온도인데, 고체 상태의 분자 배열 상태는 물질의 종류에 따라 서로 다르기 때문에 고체를 액체로 만드는 데 필요한 에너지가 물질마다 달라요. 따라서 녹는점은 물질의 특성이 될 수 있어요.

밀도는 단위 부피당 차지하는 물질의 질량이에요. 밀도가 큰 물질은 동일한 부피에 큰 질량을 가지거나 질량이 비슷하지만 부피가 작은 경우에 해당하죠. 동일한 부피에 큰 질량을 가지려면 분자가 더 무거우면 되고, 동일한 질량에 더 작은 부피를 가지려면 분자들이 더 밀집하여 배열되어 있으면 되죠.

끓는점과 녹는점을 설명할 때 분자들의 배열은 그 물질의 특성을 결정하는 중요한 요소라고 설명했죠? 밀도를 결정하는 것도 분자의 질량 자체와 분자 배열의 밀집된 정도이기 때문에 밀도는 분자의 특성을 반영하는 성질이죠. 그래서 밀도도 물질을 확인하거나 구별하는 용도로 사용할 수 있는 물질의 특성이에요.

변할 수 있는 입자

분자의 종류에 따라 물질의 특성이 다르기 때문에 분자의 종류가 달라진다면 물질도 달라지는 것이고 당연히 물질의 성질도 변하게 되죠. 그렇다면 분자의 종류는 영원불변하는 것일까요? 그렇지 않아요.

화학에서 중요한 법칙인 질량 보존의 법칙을 발견한 라부아지에가 한 실험을 비롯하여 과학사적으로 보면 물질의 종류가 변하는 반응이 무수히 많이 일어났어요. 과거에는 물질의 종류가 달라지는 변화가 어떤 이유 때문인지 몰랐지만, 현재는 물질의 종류가 달라지는 변화가 분자의 종류가 달라지기 때문이라는 것을 잘 알고 있지요.

물질의 변화는 크게 물리 변화와 화학 변화로 구별할 수 있어요. 수소와 산소가 반응하여 수소나 산소와는 전혀 다른 성질의 수증기가 생기는 변화를 화학 변화라고 하고, 물이

수소(H₂)

산소(O₂)

물(H₂O)

화학 변화

물리 변화

고체, 액체, 기체 사이에서 상태 변화하는 것은 물리 변화라고 불러요.

화학 변화는 물질의 종류가 완전히 달라지는 변화인데, 이때 성질이 왜 변할까요? 분자는 물질의 성질을 간직한 최소 입자라고 한 것 기억하고 있죠? 화학 변화에서 물질의 종류가 달라지는 것은 분자의 종류가 달라지기 때문이에요.

즉, 화학 변화 전후의 반응물과 생성물의 성질이 다른 이유가 바로 반응물과 생성물을 구성하는 분자의 종류가 다르기 때문이죠.

따라서 분자는 항상 일정하지 않고 조건에 따라 다른 분자로 바뀔 수 있어요. 하지만 돌턴의 원자설에서 제시했듯이, 분자의 종류가 달라지더라도 원자가 생성되거나 소멸되지는 않아요. 단지 원자들이 재배열하여 다른 종류의 분자를 만드는 것이죠.

　지금까지 여러분과 물질의 상태 변화에 관한 이야기를 나누어 봤는데, 재미있었나요? 물질의 상태와 상태 변화는 우리 생활에서 익숙한 용어이고 경험에 해당해요. 하지만 물질의 상태 변화를 물질을 구성하는 분자들의 배열이나 분자의 운동과 연결지어 생각해 보지는 않았을 거예요. 이 수업을 통해 여러분이 물질의 상태와 상태 변화를 입자적 관점에서 이해하고 과학적으로 관찰하는 능력을 키웠기를 희망합니다. 수고했어요.

만화로 본문 읽기

경희야, 팔이 잘 돌아왔구나! 정말 다행이다.

응, 그래. 걱정해 줘서 고마워.

내 실수로 큰일 날 뻔했지? 정말 미안해.

아니야. 나도 좋은 경험이었어. 이 세상은 내가 아는 것보다 훨씬 더 작은 것들로 이루어져 있다는 것을 깨달았거든.

훨씬 더 작은 것들?

응. 내가 액체로도 기체로도 상태 변화하면서 이 세상의 모든 물질은 아주 작은 입자들이 모여서 이루어진다는 것을 알았어. 그리고 상태 변화에 따라 이 입자들의 배열 상태가 달라질 뿐 물질의 본성은 변하지 않는다는 것을 깨달았어.

그래요. 아주 중요한 것을 깨달았군요. 세상의 모든 물질은 더 이상 쪼개지지 않는 원자라는 기본 단위로 이루어져 있지요.

물질

쪼개고

또

쪼개면

이제 안 쪼개짐! 이것이 바로 원자

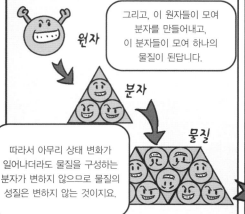

그리고, 이 원자들이 모여 분자를 만들어내고, 이 분자들이 모여 하나의 물질이 된답니다.

원자

분자

물질

따라서 아무리 상태 변화가 일어나더라도 물질을 구성하는 분자가 변하지 않으므로 물질의 성질은 변하지 않는 것이지요.

와~ 정말 세상은 참 신비한 것 같아요.

그렇지? 명수 너도 액체가 한번 돼 볼래?

하하하하.

나… 난 사양하겠어!!

이탈리아의 토리노에서 태어난 아보가드로는 대학에 들어가서 법학을 공부하고 변호사가 되었지만 1800년경부터 수학과 물리학에 흥미를 갖기 시작하여, 1803년에는 전기에 관한 논문을 발표하고 결국 토리노 대학의 수리물리학 교수가 되었습니다.

아보가드로는 1787년에 프랑스의 물리학자 샤를이 기체에 대하여 발표한 '샤를의 법칙'을 근거로 1811년에 〈물질의 기초 입자의 상대적 질량 및 이들의 화합 비율을 결정하는 한 방법〉이라는 논문을 발표하였습니다. 이 논문에서는 '아보가드로의 가설'을 제시하며, 기체가 원자가 아닌 분자로 되어 있다고 최초로 주장하였습니다.

물질은 분자로 구성되어 있고, 물질의 상태는 분자들의 배열이 달라짐으로써 나타나는 현상입니다. 따라서 우리는 아보가드로 덕분에 물질의 상태 변화를 설명할 때 분자의 개념을 사용할 수 있게 된 것입니다.

아보가드로는 이 논문을 통하여 분자의 존재를 처음으로 분명히 밝혔지만, 그가 1811년에 발표한 논문을 처음에는 사람들이 믿지 못하고 '아보가드로의 가설'이라 불렀습니다. 그러나 게이뤼삭이 발견한 '기체 반응의 법칙'에 의해 이 가설이 옳다는 것이 확인되었고, 이로써 가설은 법칙으로 바뀌게 되었습니다.

이처럼 아보가드로의 주장은 아쉽게도 그의 생전에 공식적으로 인정받지 못하다가 아보가드로의 제자인 칸니차로의 노력 덕분에 아보가드로의 가설이 공식적으로 인정받아 아보가드로의 법칙이 되었습니다.

그리고 아보가드로의 법칙을 근대 화학의 기초로 기억하고자 기체 1몰이 차지하는 분자 수를 '아보가드로 수'라고 부르게 되었습니다.

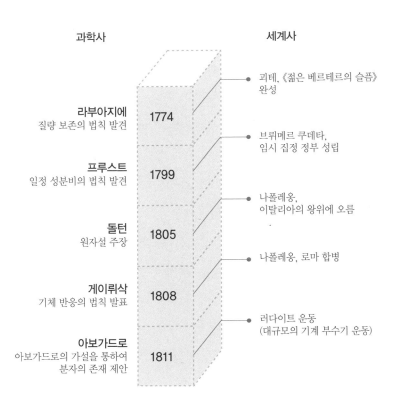

과 학 연 대 표
언제, 무슨 일이?

과학사

세계사

● 괴테, 《젊은 베르테르의 슬픔》
  완성

라부아지에
질량 보존의 법칙 발견

1774

● 브뤼메르 쿠데타,
  임시 집정 정부 성립

프루스트
일정 성분비의 법칙 발견

1799

● 나폴레옹,
  이탈리아의 왕위에 오름

돌턴
원자설 주장

1805

● 나폴레옹, 로마 합병

게이뤼삭
기체 반응의 법칙 발표

1808

● 러다이트 운동
  (대규모의 기계 부수기 운동)

아보가드로
아보가드로의 가설을 통하여
분자의 존재 제안

1811

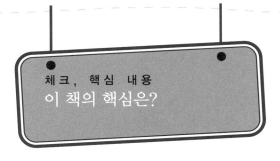

1. ☐☐ 상태는 모양과 부피가 일정하고, ☐☐ 상태는 모양은 다양하지만 부피가 일정합니다. 그리고 ☐☐ 상태는 모양과 부피가 모두 다양합니다.

2. 물질의 상태에 따라 물질을 구성하는 입자들 사이의 ☐☐가 다른데, 고체에서 액체로, 액체에서 기체로 갈수록 입자들 사이의 거리는 더 ☐☐집니다.

3. 입자들의 운동 정도는 물질의 상태에 따라 다른데, 고체에서 액체로, 액체에서 기체로 갈수록 입자들의 운동은 더 ☐☐해집니다.

4. 물질의 상태가 고체에서 액체로, 액체에서 기체로 변할 때 열에너지를 ☐☐하고 물질의 상태가 기체에서 액체로, 액체에서 고체로 변할 때 열에너지를 ☐☐합니다.

5. 물질이 외부에서 열에너지를 흡수하면 온도가 올라가지만 물질의 상태가 변할 때는 온도가 ☐☐합니다.

6. 물질의 성질을 간직한 최소 입자는 원자가 아니고 ☐☐입니다.

1. 고체, 액체, 기체 2. 거리, 멀어 3. 활발 4. 흡수, 방출 5. 일정 6. 분자

　고체의 일반적인 특징은 규칙적인 입자 배열입니다. 그리고 액체 상태는 고체 상태보다 상대적으로 불규칙한 입자 배열을 가집니다.

　그런데 어떤 액체 물질은 평상시에는 일반적인 액체처럼 불규칙한 입자 배열을 가지다가 열이나 전기장을 걸어주면 고체의 입자 배열처럼 규칙적인 구조를 가지게 됩니다. 이런 물질을 고체와 액체의 중간 성질을 가진다고 하여 액정(액체결정, liquid crystal)이라고 부릅니다. 이런 물질은 겉보기에는 탁하거나 끈기가 있는 액체와 같아서 평상시에는 액체를 구성하는 분자들이 무질서한 배열을 가지지만, 액정이 되었을 때는 입자들이 규칙적인 배열을 가집니다.

　액정은 낮은 전압으로 작동시킬 수 있어서 숫자나 문자를 표시하는 얇은 두께의 계산기 화면부터 대형 TV 화면까지

만들 수 있습니다. 전압을 걸어주면 분자의 배열이 변하는 성질을 이용하여 평상시에는 특별한 표시가 없다가 필요한 부분에 전압을 걸어주어 원하는 글씨나 그림을 나타나게 할 수 있습니다.

얇은 디스플레이 장치의 하나인 액정 디스플레이 또는 액정 표시 장치(liquid crystal display, LCD)는 평상시에는 불규칙한 분자의 배열을 가지다가 전압을 걸어주면 분자의 배열이 일정 방향으로 향하는 액정의 성질을 이용한 표시 장치입니다. 두 장의 얇은 유리 기판 사이의 좁은 틈에 액정을 담고 투명한 전극을 통해 전압을 가하여 분자의 배열 방향을 바꾸면서 빛을 통과시키거나 반사시킵니다.

이와 같은 액정 표시 장치는 다른 표시 장치에 비해 얇은 판으로 만들 수 있고 소비 전력이 적으나 응답 속도가 느린 결점이 있습니다. 하지만 액정 표시 장치의 구동 전압은 수 볼트(V)로 IC 구동이 가능하고 소비 전력이 적기 때문에 노트북 등 휴대용 전자기기에 널리 이용되고 있습니다.

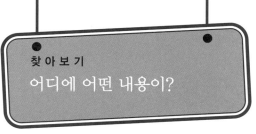

찾 아 보 기
어디에 어떤 내용이?